Eifel

Weitere Bände in der Reihe „Auf Tour":

- Rainer Aschemeier / Bernd Cyffka, Malta und Gozo
  (ISBN 978-3-8274-2956-8)
- Dieter Böhn, China (ISBN 978-3-8274-2950-6)
- Klaus-Dieter Hupke / Ulrike Ohl, Indien (ISBN 978-3-8274-2609-3)
- Armin Hüttermann, Irland (ISBN 978-3-8274-2789-2)
- Frauke Kraas, Thailand (ISBN 978-3-8274-2959-9)
- Elmar Kulke, Kuba (ISBN 978-3-8274-2596-6)
- Andreas Mieth / Hans-Rudolf Bork, Osterinsel
  (ISBN 978-3-8274-2623-9)
- Elisabeth Schmitt / Thomas Schmitt, Mallorca
  (ISBN 978-3-8274-2791-5)

Peter Burggraaff   Jürgen Haffke
Klaus-Dieter Kleefeld   Bruno P. Kremer

Eifel

Auf Tour

Springer Spektrum

Drs. Peter Burggraaff, Universität Landau-Koblenz
Dr. Jürgen Haffke, Bonn
Dr. Klaus-Dieter Kleefeld, Landschaftsverband Rheinland
Dr. Bruno P. Kremer, Universität zu Köln

ISBN 978-3-8274-2957-5

Die Deutsche Nationalbibliothek verzeichnet diese Publikation in der Deutschen Nationalbibliografie; detaillierte bibliografische Daten sind im Internet über http://dnb.d-nb.de abrufbar.

Springer Spektrum
© Springer-Verlag Berlin Heidelberg 2012

Planung und Lektorat: Merlet Behncke-Braunbeck, Sabine Bartels
Redaktion: Dr. Rainer Aschemeier
Fotos/Zeichnungen: s. Bildnachweis
Satz: TypoStudio Tobias Schaedla, Heidelberg
Einbandabbildung: © Walter Müller
Einbandentwurf: SpieszDesign, Neu-Ulm

Gedruckt auf säurefreiem und chlorfrei gebleichtem Papier

Springer Spektrum ist eine Marke von Springer DE. Springer DE ist Teil der Fachverlagsgruppe Springer Science+Business Media.
www.springer-spektrum.de

Inhalt

1 Eifel-Mythos

Annäherung an ein vielschichtiges Thema

Mag sein, dass man die Eifel in manchen Gegenden Deutschlands gar nicht oder allenfalls vom Hörensagen kennt. Mag auch sein, dass mancher mit der genaueren topographischen Einordnung dieser abgeschirmten Landschaft im tiefen Westen der Republik seine liebe Mühe hat. Andere haben zumindest eine gewisse oder sogar eine recht konkrete Anmutung, was eigentlich zur Debatte steht, wenn die Rede auf die Eifel kommt. Da werden die einen die legendären Eifel-Rennen auf dem ebenso legendären Nürburgring mit jenem randständigen Landstrich in Verbindung bringen, während die anderen sich vielleicht eher an den spezifischen Thrill eines der zahlreichen Eifel-Krimis erinnern, in dem diese Mittelgebirgslandschaft die Folie für mordsmäßig spannende Zwiste abgibt. Außer der Spitzenposition im Regiokrimi-Titelangebot punktet bei anderen Eifelfreunden die überaus themenreiche und trendige Geo-Szene.

Eventuell sind fallweise auch die mit schöner Regelmäßigkeit in Medienberichten auftauchenden Einschätzungen in Erinnerung, wonach die jüngsten Vulkane Mitteleuropas vielleicht doch noch nicht endgültig zur Ruhe gekommen sind, denn es brodelt in der Eifel dicht unter der Oberfläche auch weiterhin. Schließlich genießen bei vielen auch die weltberühmten Fossilfundstätten einen exzellenten Ruf – sie öffnen Fenster zu Lebensräumen und Lebewesen aus einer Zeit, als das heutige Gebiet der Eifel noch ein ausgedehntes System von Riffen und Lagunen in einem tropischen Meer weit südlich des Äquators war. Erst die unaufhaltsame Drift der Kontinente, vom Meteorologen Alfred Wegener (1880–1930) ab 1910 erstmals konsequent formuliert, von der Fachwelt geradezu entrüstet zurückgewiesen, aber

◄ Glanzpunkte der Vulkaneifel – die Dauner Maargruppe

im modernen Gewand der Plattentektonik glänzend bestätigt, hat die frühen landschaftlichen Vorläufer der Eifel nach mancherlei Umwegen und Kollisionskursen in die heutige Position gebracht.

Spröde Schönheit?

Bei allen kalenderblattreifen Qualitäten sieht die Eifellandschaft nicht nur nach Mittelgebirge, sondern manchmal auch ein wenig nach Mittelmäßigkeit aus. Ihre Einzigartigkeit unter den rheinischen Teillandschaften erschließt sich nicht auf den ersten Blick und häufig nicht einmal nach dem zweiten Rendezvous. So muss es wohl auch Johann Wolfgang von Goethe ergangen sein. Im Hochsommer des Jahres 1815 unternahm er mit dem Reichsfreiherrn vom Stein von Nassau aus eine Kutschpartie in die rheinnahe Osteifel und blieb von dieser Landschaft gänzlich unbeeindruckt. Jedenfalls fand die Eifel in seinem umfangreichen Werk außer ein paar belanglosen Randbemerkungen keine weitere Erwähnung.

Überhaupt blieb dieser Teillandschaft des Rheinlandes bis in die jüngste Vergangenheit eine besondere Wertschätzung weithin versagt. In den meisten Bevölkerungskreisen galt sie als öder, eintöniger, abweisender Landstrich mit kargen Böden und enormer Armut, die ganze Dorfschaften zur Auswanderung in die Neue Welt zwang. In einem 1820 erschienenen Buch von Christian Keferstein heißt es: „Ich bin über einen bedeutenden Theil dieses traurigen Gebirges gekommen, aber die hier gesehene Einförmigkeit und Oede läßt sich kaum beschreiben: Halbe Tage wandert man, ohne ein Dorf zu sehen, auf kaum betretenen Wegen; meist trifft man nur Geniste und Heide." In anderen Darstellungen

Elz-Wasserfall bei Pyrmont

war sogar die Rede vom rheinischen Sibirien, weil es in den Höhengebieten mancher Eifelteile nur zwei einigermaßen frostfreie Monate im Jahr geben soll und weil noch um 1838 die Nachrichten von einer Wolfsplage die Bevölkerung im weiten Umkreis erschreckten. Keine Spur also von einem lieblichen Land mit blühendem Wohlstand und reicher Kultur, wie es Sebastian Münster in seiner berühmten *Cosmographia* aus dem Jahre 1544 so eindrucksvoll schilderte. Angesichts der vielen Schmähungen ist es wohl nur zu verständlich, dass sich die Bewohner der mehr randlich gelegenen Teillandschaften vom Bitburger Gutland über die Pellenz bis zu den Lössbörden der benachbarten Niederrheinischen Bucht heftig dagegen wehrten, überhaupt als Eifeler bezeichnet zu werden. In der Eifel zu Hause zu sein, war ein Makel, jemanden einen Eifeler nennen, ein tief treffendes Schimpfwort. Selbst eine Notiz im Merian-Heft 4/1954 liegt ganz auf dieser Linie und bezeichnete die Eifel als „abgelegen, archaisch und wunderbar rückständig … eben als das seltsamste Gebirge Westdeutschlands".

Wahrnehmung in neuen Grenzen

Das Meinungsbild hat sich langsam, aber stetig und zu Recht sehr gründlich gewandelt. Zum einen versteht man unter Eifel durchaus nicht mehr nur die angeblich so unwirtlichen oder vom Klima vernachlässigten Hochlagen im Zentrum und im Westen. Ungefähr seit der vorletzten Jahrhundertwende dehnte man die alte fränkische Regionalbezeichnung auf sämtliche Landstriche zwischen der Landesgrenze im Westen, dem Rhein im Osten, der Mosel im Süden und dem Abfall des Schiefergebirges zum Niederrheinischen Tiefland aus – ein Gebiet, das man auch ebenso gut mit dem Städteviereck Aachen, Bonn, Koblenz und Trier abstecken könnte.

Auf der anderen Seite gilt die Eifel längst als das grüne Herz im westlichen Mitteleuropa, als ideales Wanderparadies, als Erholungslandschaft für den erlebnisreichen, stillen Naturgenuss. Die Eifellandschaft ist gewiss nicht verschlossen und schon gar nicht abweisend, vielleicht aber ein wenig zurückhaltend und auf jeden Fall in großen Teilen schweigsam. Ihr fehlen die Lieblichkeit der angrenzenden Flusslandschaften und die lärmende Fröhlichkeit der Städte des Umlandes. Die Zuneigung zur verhaltenen Eifellandschaft entwickelt sich zögernd und schrittweise, steigert sich aber dennoch zu großer Innigkeit. „Das ist das Land, das mich beredt macht, selbst wenn ich stumm bleiben möchte", schwärmt die Eifeldichterin Clara Viebig in ihrem *Kreislauf des Jahres* über diese Region, der die politische Geschichte über viele Jahrhunderte hinweg äußerst übel mitspielte, bis sie beinahe in der Vergessenheit versunken war.

Talfelsen Bunte Kuh im mittleren Ahrtal

Mittleres Ahrtal bei Laach – vom Rotweinwanderweg aus gesehen

Erst als um die Mitte des 19. Jahrhunderts schwärmerische Bonner Professoren wie Ernst Moritz Arndt (1769–1860), Gottfried Kinkel (1815–1882) oder Karl Simrock (1802–1876) die Pfade der Rheinromantik verließen und auch durch das Ahrtal in die entlegenen Winkel der Eifel wanderten, entdeckten sie den fatalen Irrtum von der vermeintlich so gesichtslosen und anödenden Eifel. Die von ihren Wanderberichten entfachte Begeisterung zeigt Nachwirkungen bis in die Gegenwart. Im Mai 1888 wurde in Bad Bertrich der Eifelverein gegründet, mit rund 30 000 Mitgliedern in über 160 Ortsgruppen (auch außerhalb der Eifel) einer der größten Wandervereine in Deutschland. Zum Tätigkeitsprofil des Vereins zählen längst nicht mehr nur der Wandersport mit Einrichtung von Wanderwegen und die Herausgabe von Wanderkarten, sondern auch die Kulturpflege und der Naturschutz. Die Eifel hat heute mehr Freunde denn je – live zu erleben an Sommerwochenenden mit vielversprechendem Wetter, wenn der Ausflug in die lockende Eifellandschaft zunächst einmal Anstellen an das Stauende bedeutet.

Frühe Forschung in der Eifel

Für die Wissenschaft rückte die Eifel schon vor Jahrhunderten in den Blick. Naturkundler, die sich in erster Linie für die unbelebte Umwelt, für die Mineralien und Bodenschätze, aber auch schlicht für das Gesicht der Landschaft interessierten, kamen in die Eifel, waren begeistert und kamen immer wieder, weil sie hier unter anderem auch eine große Anzahl erloschener Vulkane und Krater vorfanden. Sicher hat diese frühen Forscher die Vorstellung der feurigen Vergangenheit der Landschaft mit den wahrhaftig höllischen Szenarien eines Vulkanausbruchs besonders fasziniert. Doch ist ihre Vorliebe für das Vulkanland Eifel umso erstaunlicher, als kaum einer der damaligen Geologen (beziehungsweise Geognostiker, wie sie seinerzeit hießen) jemals Augenzeuge oder selbst literarischer Zeuge eines feuerspeienden Berges beziehungsweise eines glühenden Lavastromes war, wie sie uns die modernen Bildmedien mit eindrücklicher Nähe buchstäblich vor Augen stellen. In der Wende vom 18. zum 19. Jahrhundert gab es immerhin einen heftigen Gelehrtenstreit darüber, ob denn Gesteine überhaupt durch Vulkantätigkeit entstehen können oder ob alles Festgestein der Erde letztlich nur aus dem Wasser stammt.

Carl Wilhelm Nose (1753–1835), von Beruf Mediziner, widmete sich begeistert der Erforschung der Gesteine und bereiste dazu mehrfach auch die Südwesteifel, wie man in seinem monumentalen Werk *Orographische Briefe über das Siebengebirge und die benachbarten, z.Th. vulkanischen Gegenden beyder Ufer des Nieder-Rheins* (1790) nachlesen kann. Sir William Hamilton (dessen Ehefrau aus mancherlei Gründen sehr viel berühmter wurde) widmete sich als britischer Gesandter in Neapel intensiv der Erforschung des Vesuvs, sah sich aber mehrfach auch in der Eifel um. Alexander von Humboldt, einer der bedeutendsten Gelehrten seiner Zeit, unternahm seine erste Forschungsreise nicht gerade zufällig an den Mittelrhein – und in die Eifel. Er hat hier den Bäuerinnen auf dem Feld deren Schürzen abgehandelt, um die Menge geborgener Fossilien transportieren zu können. Der Trierer Gymnasiallehrer Johann Steininger (1794–1878) ist ein weiterer Pionier in der langen Reihe bedeutender Naturforscher, denen die Besonderheiten des Eifelraumes natürlich nicht verborgen blieben; ihm verdanken wir die erste geologische Karte der Eifel. Den Naturkundlern und Naturforschern des 18. und 19. Jahrhunderts stand die Einzigartigkeit der Eifellandschaft somit klar vor Augen.

Schon allein das erdgeschichtliche Umfeld der Eifel mit seinen rund 500 Millionen Jahre Geologie umfassenden Schichtenfolgen vom frühen Erdaltertum bis in die geologische Gegenwart ist demnach äußerst beeindruckend. Wem das alles zeitlich zu sehr entrückt erscheint, kann es auch etwas zeitnäher haben: Rund eine Million Jahre Menschheitshistorie bilden sich in den archäologischen Grabungshorizonten aus dem Eifelraum ab – mit Zeugnissen vom urtümlichen *Homo erectus*, umherstreifenden Neandertalern und vagabundierenden späteiszeitlichen Nomaden. Wem auch das noch zu sehr in äußerst grauer Vorzeit angesiedelt ist, mag sich vielleicht eher vom zeitlich noch Näherliegenden begeistern lassen: Kelten, Römer und Franken haben in der Eifellandschaft spektakuläre Spuren hinterlassen. Die Eifel ist zudem eine dicht besetzte Burgenlandschaft – eine von Europas schönsten und besterhaltenen Anlagen, die malerische Burg Eltz, zierte früher sogar die 500-DM-Banknote. Die „Eiflia sacra", die Sakrallandschaft Eifel, überrascht mit erlebenswerten Klöstern, Kirchen und Kapellen, vom ungewöhnlichen hochromanischen Hexagon der Matthiaskapelle bei Gondorf bis hin zur aufsehenerregenden Bruder-Klaus-Kapelle, von Peter Zumthor 2007 bei Wachendorf in die Flur gestellt. Und nicht zuletzt: In der Region kann man über 70 Museen mit einer denkbar großen Bandbreite von „Eifelschätzen" besuchen.

Vielfalt und Vielschichtigkeit

Schon diese wenigen Themenfacetten attestieren der Eifel eine beachtliche Vielschichtigkeit. Solche themenreiche Bandbreite ist hier sogar an einem einzigen Tag erfahrbar. Diese Landschaft, die zugegebenermaßen (noch)

Radioteleskop Effelsberg

weniger verbraucht erscheint als die großstädtisch-industriell geprägten
Räume des weiteren Umfeldes, überrascht natürlich auch mit landschaftlichen Highlights – mit tiefen Seen, engen Tälern, auffallenden Kegeln und
Kuppen ebenso wie mit ausgedehnten Wäldern auf weiten Hochebenen und
anmutigen Ortsbildern wie in Monreal oder Monschau. Für den erklärten
Landschaftsliebhaber findet sich hier außerdem eine beachtliche Palette
mit Merkwürdigkeiten der Natur vom kleinen Naturdenkmal über etliche
Natur- und Geoparke bis hin zum Dutzende Quadratkilometer großen Nationalpark.

Und Kuriositäten kann die Eifel selbstverständlich auch bieten: Auf
Eifeler Terrain befindet sich die südlichste Windmühle Deutschlands, das
erste Radioteleskop Deutschlands sowie sein weltweit größtes vollbewegli-
ches Schwesterinstrument, die einzige in einem Wohnhauskeller schüttende
Flussquelle Mitteleuropas und das flächengrößte deutsche Rotweinanbaugebiet. Nirgendwo sonst scharen sich auf vergleichbar engem Raum mehr
Mineralquellen oder die Reste römischer Gutshöfe. Die Eifel ist eine besondere und besonders gut dokumentierte Mühlenlandschaft. Dutzende von
Pflanzen- und Tierarten existieren hier an den Grenzen ihrer natürlichen

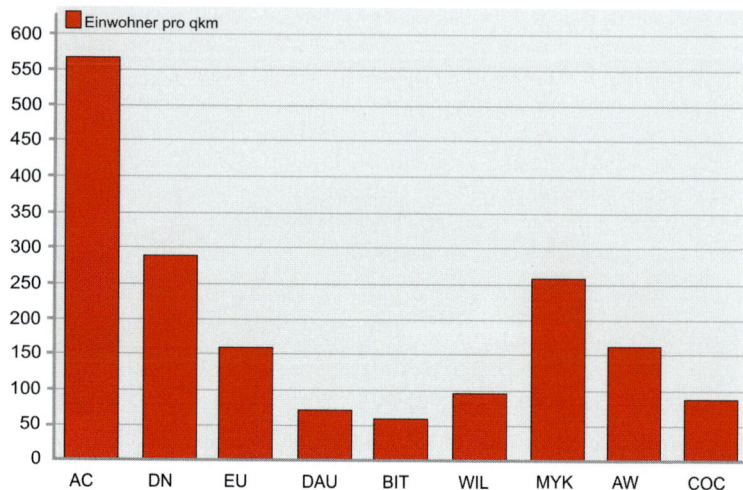

Einwohner pro km² in den Eifelkreisen und Kreisen mit Eifelanteilen 2010 (Grundlage: Landesbetrieb Information und Technik Nordrhein-Westfalen (IT.NRW), Düsseldorf und Statistisches Landesamt Rheinland-Pfalz, Bad Ems)

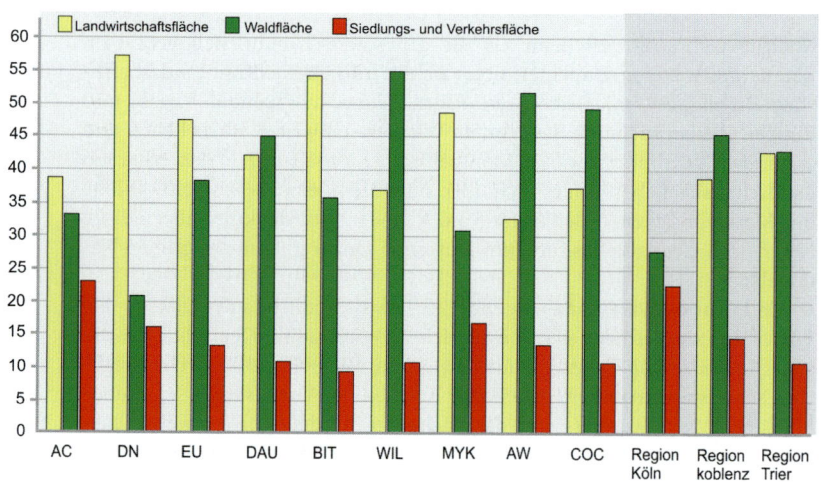

Landnutzung in den Eifelkreisen und Kreisen mit Eifelanteilen 2010 (Grundlage wie Abbildung oben)

Verbreitung in Europa. Und sicherlich weniger erbaulich, aber erinnerungswürdig: Auch die Topographie des Terrors hat mit Relikten aus dem Zweiten Weltkrieg ihre spezifischen Spuren in diese Region gesetzt. Während sich andere deutsche Teilregionen vergleichsweise monochrom darstellen, erweist sich die Eifel bei näherem Hinsehen als thematisch überraschend bunter Flickenteppich und gleichsam als Erlebnisregion schlechthin – auch wenn sie mit ihren rund 5400 km^2 Gesamtfläche nur knapp 1,5 % der Fläche Deutschlands und innerhalb der Republik tatsächlich eine Randposition einnimmt – allerdings nur eine geografische.

In weithin klaren Konturen

Auf einer geologischen Übersichtskarte Mitteleuropas erinnert das Rheinische Schiefergebirge in seinen Umrissen an einen Schmetterling mit ausgebreiteten Flügeln: Der Rhein, wichtigste landschaftliche Strukturachse des Großraums, durchschneidet diesen Mittelgebirgsblock auf seiner Fließstrecke zwischen Bingen und Bonn und bildet sozusagen den Rumpf, während die V-förmig eingeschnittene Niederrheinische Bucht mit Köln im Zentrum die beiden Fühler des Falters markiert. Die auffälligen Flusstäler von Mosel und Lahn trennen die Vorder- von den Hinterflügeln. Damit liegt eine zuverlässige Auffindhilfe für die Eifel vor: Sie nimmt mit den Eckpunkten der vier Römerstädte Aachen, Bonn, Koblenz und Trier den größeren Teil des linken Vorderflügels ein..

Mit dem Moseltal zwischen Trier und Koblenz sowie dem unteren Mittelrheincanyon, beide begleitet von einer vielstufigen Talterrassentreppe, zwischen Koblenz und Bonn sind die Süd- und die Ostgrenze dieses Schiefergebirgsteiles natürlich fast liniengenau festzulegen. Auch der etwas bogig verlaufende Nordrand, der zur Niederrheinischen Bucht vermittelt, bereitet kaum Schwierigkeiten, denn hier zeichnet sich im Gelände wie im Kartenbild der vom Relief unübersehbar vorgegebene Grenzsaum zweier europäischer Großlandschaften ab: Der etwa 500 km breite Mittelgebirgsgürtel geht entlang der Eifelnordflanke mit einer auffälligen Stufe in das ausgedehnte nord(west)europäische Tiefland über. Lediglich im Westen fällt die genauere Grenzziehung der Eifel schwer. In ihrer Südwestecke nimmt man den Unterlauf der Sauer und weiter nördlich den Talzug ihres Zuflusses Our, die mit dem deutsch-luxemburgischen Grenzverlauf zusammenfallen. Im Nordwesten fehlt dagegen eine klare Landmarke. Im Bereich der deutsch-belgischen Landesgrenze setzt sich die Eifel höhen- und in ihrem Fundament schichtengleich in die westlich anschließenden Ardennen fort. Hier gelingt die Abgrenzung mit der politischen Zuständigkeit, aber auch unter Berücksichtigung kulturräumlicher Aspekte. Wir halten uns in dieser Inspektion der Eifel jedoch strikt an die politisch vereinbarten Grenzen.

Landschaft mit Binnenfacetten

Ausgedehnte Hochebenen zwischen 300 und 600 m Höhenlage, blickpunkt-reiche Kuppenlandschaften und langgestreckte Höhenrücken im Verbund mit tief eingeschnittenen Talzügen, die auf die bei 80–50 ü. NN liegenden Stromsohlen von Mosel, Maas und Rhein gerichtet sind, erfordern und ermöglichen eine weitere landschaftliche Binnengliederung (vgl. Kartenbild vordere Umschlagklappe). Die einzelnen Teillandschaften der Eifel, die so auch die naturräumliche Gliederung unterscheiden, nehmen in ihren Bezeichnungen entweder Lage oder Ausrichtung zu den begleitenden Fluss-tälern auf (Ahr-, Mosel- und Rheineifel), sind an der Höhenlage (Hocheifel) oder an klimatischen Eigenheiten (Schneifel = Schnee-Eifel) orientiert, nehmen Bezug auf erdgeschichtliche Besonderheiten im Gesteinsfundament (Kalk- und Vulkaneifel), zitieren besondere Ortschaften ihres Umfeldes

Biotop Bahngleis: Pfirsischblättrige Glockenblume (*Campanula persicifolia*)

(Mechernicher Voreifel, Münstereifeler Wald) oder greifen Eigenheiten der Vegetation auf (Hohes Venn, von *veen = fagne* = Hochmoor) auf.

Warum auch noch dieses Buch?

Das alles ist schon oft und mit der gebotenen Ausführlichkeit geschildert worden – unter anderen in den zahlreichen Bänden der Eifelbibliothek in der Mayener Genovevaburg. Daher wollen wir keinen weiteren Reiseführer bieten und erneut die weithin bekannten landschaftlichen, baulichen und historischen Höhepunkte würdigen. Dennoch werden wir auch über die Maare, die Burg Eltz, den Nürburgring und den Nationalpark Eifel schreiben. Vornehmlich geht es uns um die Frage, wie die Eifel in ihrer landschaftlichen, historischen und gegenwärtigen Vielfalt zu verstehen ist. Was ist „die Eifel"? Eine klar abzugrenzende Region? Eine Idee? Heimat? Realität oder Mythos? Gibt es gar „den Eifler"?

Wir schildern unsere Sicht der Eifel eher in einzelnen Essays und wählen damit einen anderen Zugang als die zahllosen Wanderführer. Als Geografen erzählen wir von erdgeschichtlichen und historischen Entwicklungen, beschreiben die Gegenwart und denken über künftige Entwicklungen nach. Wir greifen Mythen auf und nennen Fakten. Aber wir können nicht alles ansprechen, was von Interesse ist, sondern unsere Leser nur anregen, sich selbst ein Bild von *ihrer* Eifel zu machen. Kommen und sehen Sie selbst – wir finden, es ist überaus lohnenswert.

Blütenflor in aufgelassenem Steinbruch

2 Eifel-Landschaft

Spuren aus der Erdgeschichte

„Die Eyffel hat Ihresgleichen in der Welt nicht", schrieb Leopold von Buch (1774–1853), einer der Begründer der Geologie in Deutschland und im 19. Jahrhundert europaweit ihr bedeutendster Fachvertreter, im August 1820 in einem Brief an den Trierer Gymnasiallehrer Johann Steininger (1794–1874), der seinerseits umfangreiche Forschungen zur Eifeler Erdgeschichte betrieb und über viele Jahrzehnte seines Lebens damit beschäftigt war, die facettenreiche Eifelgeologie zu einem harmonischen Ganzen zu ordnen. Schon damals wurde zunehmend deutlich, dass die Eifel eine Art „stratigraphischen Musterkoffer" darstellt. Tatsächlich sind hier alle Epochen der Erdgeschichte vom Kambrium bis zum Quartär vertreten (vgl. hintere Umschlagklappe zur stratigraphischen Gliederung), während andere Schiefergebirgsteile in Aufbau und Schichtenfolge wesentlich einheitlicher erscheinen. Die Eifelgeologie umfasst mithin etwas mehr als eine halbe Milliarde Jahre Erdgeschichte.

Uraltes Unterlager

Landschaften sind wie bedeutende, über viele Epochen hinweg entstandene Bauwerke. Jeder Zeitabschnitt hinterlässt in der Haut der Erde seine besonderen Zeichen und Zeugnisse. In der Architektur wie in der Geologie stellt sich somit fast immer das Problem, das heutige Nebeneinander der Erschei-

◄ Mosenberg-Vulkangruppe mit Windsborn-Kratersee (oberer Bildrand)

nungsformen so zu einem zeitlichen Nacheinander zu ordnen, dass man sie wie ein Geschichtsbuch lesen und verstehen kann.

Gesteine aus dem Altpaläozikum mit Kambrium, Ordovicium und Silur, die das tiefere Unterlager des Rheinischen Schiefergebirges bilden, treten nur in der Nordwesteifel im über 600 m hohen Venn-Rücken (Venn-Sattel, Großraum Aachen) zu Tage. Die kambrischen Schichten gehören allesamt dem etwa 515 Mio. Jahre alten Oberkambrium (Revin-Schichten) an und stellen eine rund 2500 m mächtige Gesteinsfolge dar – es sind die ältesten in Nordrhein-Westfalen überhaupt nachweisbaren Gesteine. In den westlich anschließenden Ardennen treten noch ältere Formationen dieser erdgeschichtlich weit entrückten Epoche auf.

Auf die oberkambrischen Revin-Schichten folgen im Venn-Gebiet die jüngeren Schichten der Salm-Gruppe. Sie umfassen allerdings nur einen kleinen Ausschnitt aus dem insgesamt etwa 50 Mio. Jahre langen Ordovicium. Der Grund dafür ist die kaledonische Gebirgsbildung im heutigen Nordeuropa, die auch noch das Unterlager des heutigen Rheinischen Schiefergebirges erfasste: Im Venn-Sattel sind lediglich die älteren Schichtglieder des Ordoviciums nachweisbar, weil die jüngeren nach der Gebirgsbildung weitgehend abgetragen wurden. Auch die unteren und mittleren Silurschichten hat die Erosion dahingerafft, sodass in der altpaläozoisch bestimmten Nordwesteifel eine längere Überlieferungslücke von rund 60 Mio. Jahren besteht. Erst danach findet sich im Venn-Sattel mit der Kalltal-Formation eine relativ geringmächtige und im Gelände wenig auffällige Gesteinsfolge, die man bislang dem untersten Devon zugeordnet hat. Überwiegend sind es Konglomerate aus gerundeten Quarzgeröllen des abgetragenen kaledonischen Gebirges, die man entweder als Flussschotter oder als Schutt einer brandungsexponierten Küste deuten kann. Über den Konglomeraten finden sich feinkörnige, quarzreiche Sandsteine, in denen mit Brachiopoden, Muscheln und Korallen Fossilien eindeutig marinen Ursprungs gefunden wurden. Die genaue Silur-/Devon-Grenze ist an den wenigen Aufschlüssen allerdings nicht genau festzulegen, aber immerhin ist im Gegensatz zu früheren Einschätzungen davon auszugehen, dass in der Nordwesteifel auch das Silur vertreten ist.

Schichtarchiv aus dem Unterdevon

Der Großteil der vielfach sehr gut aufgeschlossenen paläozoischen Gesteinsfolgen des Eifeler Grundgebirges gehört zum Devon, dessen Beginn man heute vor etwa 417 Mio. Jahren ansetzt. Den weitaus größten Anteil nehmen darin die Unterdevon-Schichten ein, eine ungefähr 10 000 m mäch-

Unterdevonisches Schichtpaket mit fossilen Wattböden

tige Wechselfolge von Bänder- und Tonschiefern sowie Sandsteinen. Nach Abfolge, Lagerungsverhältnissen und Fossilinhalt gliedert und benennt man sie nach Orten besonders typischer Ausbildung beziehungsweise der Erstbeschreibung – von unten nach oben in die Stufen Gedinne (nach einem belgischen Ardennenort), Siegen und Ems (nach Städten im rechtsrheinischen Schiefergebirge). Die gesamte unterdevonische Schichtenfolge wurde entweder als küstennahe Wattablagerung oder in tieferen Beckenräumen

Frühe Aussteiger

Spätestens in das Unterdevon fällt die Phase, in der nach den ersten Landgängen kambrischer Tiere auch Pflanzen ihren bisherigen Lebensraum Wasser verließen und sich zu den ersten echten Landorganismen fortentwickelten. Fundstellen der frühen unterdevonischen (Land-)Pflanzen sind aus dem Ahr- und dem Brohltal bekannt. Besonders berühmt sind die Klerf-Schichten (Unterems) vom Fundort Waxweiler, weil der Fossilbericht hier eine komplette Folge von Watt-Lebensgemeinschaften zwischen Meer und frühem Festland erkennen lässt.

Im tieferen, den Gezeitenwirkungen nicht mehr ausgesetzten Küstensaum siedelten viele Meter lange Riesentange der Gattung *Prototaxites*. Näher an der Niedrigwasserlinie breiteten sich Rasen der (Grün?)-Alge *Buthotrephis rebskei* aus, die erstmals in Waxweiler entdeckt wurde. Die übrigen fossil nachgewiesenen Arten gehören zu den Farnpflanzen (Nacktfarne = Psilophyten), darunter die gabelteiligen Sprosse von *Taeniocrada dubii*. Sie wurden in solchen Mengen eingebettet, dass sie lagenweise kleine Flöze bilden. *Zosterophyllum rhenanum* war eine binsenähnliche Pflanze. Zur Begleitflora gehörte das münzgroße, sternförmig verzweigte *Sciadophyton laxum*. Am umfangreichen Fundgut aus dem rheinischen Unterdevon ließ sich sogar der Generationswechsel aufklären, den – ähnlich den heutigen Farnpflanzen – auch schon die unterdevonischen Psilophyten durchlaufen mussten.

Früheste Pflanzenfossilien aus der Eifel: *Zosterophyllum rhenanum*

eines ausgedehnten Meeres abgesetzt, das damals den größten Teil Mitteleuropas bedeckte. Flüsse aus einem weiter nördlich im heutigen Nordseeraum gelegenen Urkontinent schwemmten damals große Mengen Schlamm und Sand ein.

Sättel, Mulden, Faltenbündel

Im Idealfall würden die über rund 60 Mio. Jahre hinweg angesammelten, am damaligen Meeresboden aufgeschichteten und noch während der Devonzeit zum Gestein verfestigten Sedimentfolgen allein aus dem Unterdevon flach übereinander lagern wie die Seiten eines zugeschlagenen, auf einem Schreibtisch liegenden Buches. Die Beobachtung der an den Talflanken von Mosel, Ahr und Mittelrhein frei liegenden Schiefergebirgsschichten zeigt jedoch, dass die Gesteinspakete oftmals eher nebeneinander und zudem wie gekippte Bücher im Regal angeordnet sind.

Der Grund dafür ist die die folgenreiche variskische Gebirgsbildung im Karbon vor etwa 340 Mio. Jahren. Gewaltige, vor allem aus südöstlicher Richtung seitlich ansetzende Kräfte innerhalb der Erdkruste haben damals die ursprünglich horizontal abgesetzten Schichten zu einem Gebirge aufgefaltet und einzelne Schichtpartien steil aufgerichtet. Auslöser waren

Talflankenfalte bei Reimerzhoven (Ravenley) im mittleren Ahrtal

Steil gestelltes Unterdevon im mittleren Ahrtal

zwei große gegeneinanderdriftende Lithosphärenplatten, welche die zuvor in einem breiten Trog abgesetzten Sedimente auf etwa 60 % ihrer ursprünglichen Ausdehnung einengten. Modellhaft kann man sich diesen Vorgang vorstellen, wenn man eine lose aufliegende Tischdecke mit beiden Händen durch seitlichen Schub in Faltenfolgen zwingt. Die daraus resultierenden und mitunter sehr engen Verbiegungen im Gestein kann man in den Gesteinsprofilen der größeren Flusstäler vielfach direkt beobachten.

Wo nicht der Faltensattel (Antikline) beziehungsweise eine Faltenmulde (Synkline) (Abb. S. 21) mit seiner oft scharfen Schichtumbiegung in einer Talwand oder in einem Steinbruch aufgeschlossen ist, lässt sich aus den unterschiedlichen Neigungswinkeln der Schichtglieder zumindest die ursprüngliche Lage rekonstruieren. Beispielhaft und eindrucksvoll sind Faltensättel und steil aufgerichtete Faltenschenkel im mittleren Ahrtal zwischen Schuld und Ahrweiler zu erkennen. Der Talzug der Ahr folgt in diesem Abschnitt ziemlich genau einer Faltenachse und hat mit seinen engständigen Talmäandern Teile eines Faltenbündels gleich mehrfach angeschnitten. Ein wissenschaftsgeschichtliches Monument ist der Faltenaufschluss mit seinem leicht nach Nordwesten überkippten Sattel in der Ortschaft Altenburg: An diesem Aufschluss hat der Bonner Geologe Hans Cloos 1950 seine berühmte Untersuchung zu „Gang und Gehwerk einer Falte" durchgeführt.

Nun sind die unterdevonischen Gesteine bei der Auffaltung zum Schiefergebirge nicht einfach nur verbogen worden. Vielmehr haben die die Gesteinsbewegungen auslösenden Kräfte der Erdkruste einzelne Schichtpakete auch vertikal voneinander getrennt und einzelne Schollen auf andere verschleppt: So entstanden regional großräumige Auf- beziehungsweise Überschiebungen. Sie kennzeichnen zwei der drei großräumigen Baueinheiten im Eifeler Grundgebirge: Eine davon ist der schon erwähnte Venn-Sattel in der nordwestlichen Eifel. Hier sind die Schichten vom Kambrium bis in das

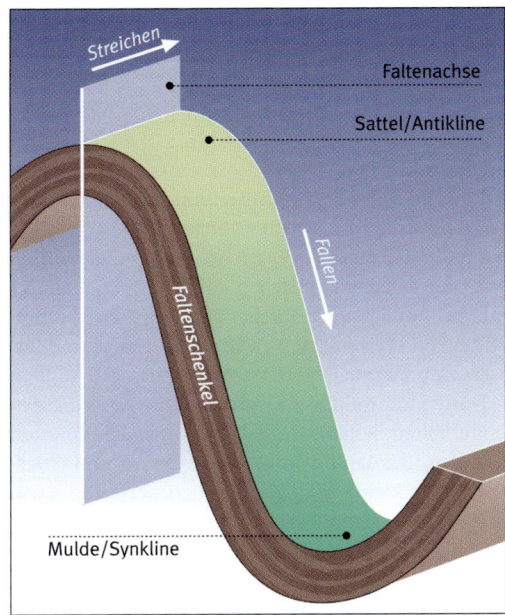

Streichen

Faltenachse

Sattel/Antikline

Fallen

Faltenschenkel

Mulde/Synkline

Strukturelemente einer
Falte

unterste Silur über Dutzende von Kilometern auf das jüngere Devon aufgeschoben worden. Interessanterweise hat man die hier angetroffene Schicht-
überschiebung schon im späten 19. Jahrhundert richtig erkannt. Nur wenig
später lieferte diese Erkenntnis den Schlüssel für das Verständnis des noch
komplizierteren Deckenbaus der Alpen.

Die zweite große Überschiebungszone betrifft die Südosteifel: Während
im Oberen Mittelrheintal die Schichtglieder der unterdevonischen Siegen-
Stufe in der Fazies der überwiegend dunklen und sehr feinkörnigen Hunsrückschiefer auftreten, stehen sie im Unteren Mittelrheingebiet zwischen
Osteifel und Westerwald überwiegend in der Ausbildung der sandigen
Siegener Normalfazies an. Der Wechsel vom Untersiegen in der Huns-
rückschiefer-Fazies zur Normalfazies erfolgt entlang einer Großstörung,
die nördlich der Andernacher Talpforte zwischen Namedy (Eifelseite) und
Leutesdorf (Westerwaldseite) von SW nach NO quer über das Untere Mittelrheintal zieht. Hier sind die markanten Hunsrückschiefer (Unter-Siegen)
steil auf sandig-toniges Mittel-Siegen aufgeschoben und um mindestens
3 km auf die nur wenig jüngeren Schichtglieder verschleppt worden. Die
von der Südosteifel ausgehende, als Siegener Hauptaufschiebung bezeichnete

Großstörung ist auch im gesamten rechtsrheinischen Schiefergebirge eines der bedeutendsten tektonischen Gestaltungselemente.

Korallen, Riffe und Lagunen

Die geologische Übersichtskarte der Eifel zeigt außer den zahlreichen Faltenachsen sowie Überschiebungslinien im Nordwesten und Südosten eine dritte auffällige Großstruktur, die sich als etwa 30 km breites Band geradlinig in Nord-Süd-Richtung von der Niederrheinischen (Zülpich) zur Trierer Bucht (Bitburg) zieht und die Bezeichnung Eifeler Nord-Süd-Zone trägt. Hier tauchen die Faltenachsen von Westen ebenso wie von Osten ab und bilden eine ausgeprägte Achsen-Depression, besser vorstellbar als nord-südlich ausgerichtete Großmulde. Darin sind mittel- und oberdevonische Schichten mit Mergeln und Riffkalken erhalten. Relativ schmale Stege aus den jüngsten Schichtgliedern des Unterdevons, das sandig ausgebildete Unter- und Oberems, untergliedern sie in mehrere kleine Mulden, die man nach den darin gelegenen Ortschaften unterscheidet. Von Norden nach Süden folgen die

Eifeler Fossilien aus dem Unterdevon (Stängelglieder)

Sötenicher, Blankenheimer, Rohrer, Dollendorfer, Hillesheimer (Ahrdorfer), Prümer, Gerolsteiner und Salmerwald-Mulde aufeinander. Ihre räumliche Positionierung ergibt im Kartenbild eine S-förmige Figur, weshalb man auch von der Sigmoid-Zone spricht. Die in diesen Mulden anstehenden und zum Teil dolomitisierten Kalkgesteine gingen aus Korallen-Stromatoporen-Riffen hervor – ein klarer Hinweis darauf, dass sie vor etwa 370 Mio. Jahren in einem tropischen Flachmeer entstanden.

Verflachung eines Hochgebirges

Mit dem Mittel- und Oberdevon der Eifeler Nord-Süd-Zone endet im Wesentlichen die Schichtenfolge des Paläozoikums. Karbonische Sedimente treten nur im nordwestlichen Vennvorland mit Schichtgliedern vom Tournai (Unterkarbon) bis Westfal A (Oberkarbon) auf. Fossil sind darin ausgedehnte, unter subtropischen Bedingungen wachsende Sumpfwälder mit baumförmigen Farnen, Bärlappen und Schachtelhalmen dokumentiert, aus denen die Steinkohlenflöze hervorgingen. Bei Aachen und östlich der Niederrheinischen Bucht im Ruhrgebiet wurden sie bis in Tiefen um 1500 m abgebaut. Allein der hier verbliebene Restvorrat von ca. 24 Mrd. t Kohle würde noch für etwa 400 Jahre reichen.

Im Eifeler Korallenmeer

Da die in Einfaltungen des älteren Unterdevons erhaltenen mitteldevonischen Gesteine der Eifeler Kalkmulden in großen Steinbrüchen abgebaut werden, bieten sie in ihrer Gesamtheit hervorragende Einblicke in den Aufbau des paläozoischen Korallenmeeres. Vom offenen Meer mit seinen Kalkschlammböden kommend lässt sich das Vorriff erkennen, das Rifforganismen ohne nennenswertes Höhenwachstum gebildet haben, beispielsweise Seelilienwälder. Diese Teile eines Korallenriffs bezeichnet man als Biostrome. Ihr relativ höchster, die ehemalige Wasseroberfläche erreichender Teil ist das Stromatoporen-Bankriff. Nur stellenweise siedelten sich auch Korallen an, die mehrere Meter in die Höhe wuchsen und damit echte Bioherme bildeten. Das flache Rückriff mit der Rifflagune ist dagegen der Lebensraum von Solitärkorallen, Muscheln, Kopffüßern sowie Brachiopoden.

Die Eifeler Kalkmulden sind wegen ihres Fossilreichtums weltberühmt. Mehrere bedeutende Sammlungen haben sich zur Rheinischen Fossilienstraße zusammengeschlossen. In der Eifel liegen davon das Geologische Museum Gerolstein, das Regionalmuseum Blankenheim und das Informationshaus Nettersheim.

Mit der am Ende der Karbonzeit erfolgten Auffaltung der Devonschichten zum variskischen Gebirge setzte auch sogleich deren Abtragung ein. In den Rotliegend-Sedimenten (Unterperm) der Wittlicher Senke (Südwesteifel) hat sich der Erosionsschutt des variskischen Faltengebirges unter wüstenartigen Klimabedingungen angesammelt. Das aride Klima dieser Phase mit seiner intensiven Verwitterung und der damit verbundenen Rotfärbung der Gesteine ergibt sich aus der geografischen Position: Aufgrund der nordwärts gerichteten Kontinentalplattenwanderung verließ der Eifelraum ebenso wie das übrige Mitteleuropa in dieser Zeit gerade die äquatorialen Breiten. Schon nach wenigen Millionen Jahren war das ursprüngliche Gebirge wieder weitgehend eingeebnet und stellte sich als relativ flache Erhebung in der damaligen Großlandschaft dar. Mit dem Perm schließt auch in der Eifel vor etwa 250 Mio. Jahren das Erdaltertum (Paläozoikum) ab.

Winterlicher Sonnenuntergang am Rodder Maar

Stichwort Geotope

Hervorhebenswerte und zum Teil erst durch technisch-bergbauliche Eingriffe sichtbar gewordene Einzelschöpfungen der unbelebten Natur bezeichnet man seit etwa Anfang der 1990er-Jahre als Geotope, angelehnt an den längst eingeführten ökologischen Begriff Biotop. Ebenso wie die als Lebensstätten wertvollen Biotope sind auch solche Objekte in besonderem Maße schützenswert, die seltene oder typhafte Zeugnisse aus dem Werdegang des Landschaftsbildes darstellen. Natürliche Geotope sind Hanganrisse, Felswände, Prallhänge, Umlaufberge, Bach- und Flussbetten, Faltenstrukturen sowie Talprofile. Vom Menschen geschaffene Freilegungen von Gesteinen mit besonderem Denkmalwert sind Böschungen, Gruben oder Hohlwege sowie geo- beziehungsweise bergbauhistorische Situationen wie Pingen, Schächte, Schürfe und Stollen. In diesen Bildungen können spezielle Böden, Fossilien, Gesteine, Mineralien, Lagerungsverhältnisse oder Sedimentstrukturen der direkten Beobachtung zugänglich und für das Verständnis der Landschaftsgeschichte wichtig sein. Geotopcharakter haben sie auch dann, wenn sie Typlokalitäten spezieller wissenschaftlicher Befunde darstellen oder für die Fachwissenschaft bedeutsame Richtprofile enthalten. Von fast allen Geotoptypen finden sich in der Eifel bezeichnende, aber in ihrer Wertigkeit nicht immer wahrgenommene Beispiele.

Trias in Dreiecken

Schon während der Perm-Zeit hatte sich durch Plattenkollision der Großkontinent Pangäa gebildet, der alle heutigen Kontinente umfasste und sich fast von Pol zu Pol ausdehnte. Das Gebiet der heutigen Eifel lag damals nur wenig nördlich des Äquators. Zu Beginn des Mesozoikums setzte die im Karbon faltungsbedingt angelegte Eifeler Nord-Süd-Zone ihre Absenkung fort, sodass sich hier aufeinander die Ablagerungen der Trias (mit Buntsandstein, Keuper und Muschelkalk) sowie Schichten aus dem Jura (Lias = Schwarzer oder Unterer Jura) ablagern konnten. Beim später erfolgenden Aufstieg der Eifel sind sie mit dem übrigen Rheinischen Schiefergebirge großteils wieder abgetragen worden, blieben aber im Norden mit dem Mechernicher Trias-Dreieck und im Süden mit der großen Trier-Bitburger Bucht von der Erosion weitgehend verschont.

Im Mechernicher Trias-Dreieck beginnt die Sedimentfolge mit dem Mittleren Buntsandstein, eindrucksvoll aufgeschlossen am Naturdenkmal Katzensteine bei Mechernich, setzt sich mit relativ geringmächtigen Muschelkalk- und Keuper-Schichten fort und endet mit dem Unteren Jura bei

Bürvenich am Eifelnordrand. Bis zur Oberkreide, die erst wieder im nördlichen Eifelvorland bei Aachen und vor allem in der niederländischen Provinz Limburg anzutreffen ist, besteht eine größere Schichtlücke von immerhin etwa 150 Mio. Jahren. Damit fehlen auch fossilführende Schichten dieses Zeitabschnitts. Aus der Eifel sind daher weder die Spuren von Dinosauriern noch fossile Zeugnisse der frühesten Vögel und Säugetiere zu erwarten, die sich im späten Mesozoikum entwickelt haben.

Ähnlich stellt sich die Situation in der Südeifel dar. Hier ist allerdings nur der Lias mit seinen markanten Sandsteinen vor allem im deutsch-luxemburgischen Grenzgebiet erhalten. Er bildet die äußerst pittoresken Felspartien des Ferschweiler Plateaus und der eindrucksvollen Echternacher Schweiz, der Anschlusslandschaft auf der luxemburgischen Seite. Weitere jurassische sowie kreidezeitliche Sedimente sind auch im Südeifeler Raum nicht (mehr) vorhanden.

Katzensteine bei Mechernich

Aus Feuer und Wasser

Schon in der Kreidezeit gab es im Gebiet der Eifel Ansätze von Vulkanismus: Der kegelförmige Neuerburger Kopf (286 m) und der benachbarte Lüxemberg in der Wittlicher Senke sind rund 108 Mio. Jahre alt und gehören damit in die Untere Kreide. Vulkanische Ereignisse blieben zunächst episodisch. Das Szenario änderte sich allerdings gewaltig im Tertiär. Im Oligozän setzten im Rheinischen Schiefergebirge kräftige Hebungen und damit nennenswerte Vertikalversetzungen ein, die buchstäblich eine äußerst bewegte Phase einleiteten. Im Prinzip sind sie bis heute nicht zum Stillstand gekommen. Aus letztlich immer noch nicht vollends geklärten Ursachen stieg das durch Abtragung weitgehend eingeebnete Schiefergebirge langsam und höchstens um Millimeterbeträge pro Jahr auf. Einzelne Teile vollzogen den Aufstieg nicht mit und blieben folglich als Senkungsräume zurück. So entstanden die intramontane Senke das Mittelrheinischen Beckens zwischen Koblenz und Neuwied sowie das große Bruchdreieck der Niederrheinischen Bucht.

Nahezu gleichzeitig mit dem Gebirgsaufstieg begann im Gebiet ein starker Vulkanismus. Er setzte den paläozoischen Grundgebirgsresten ein

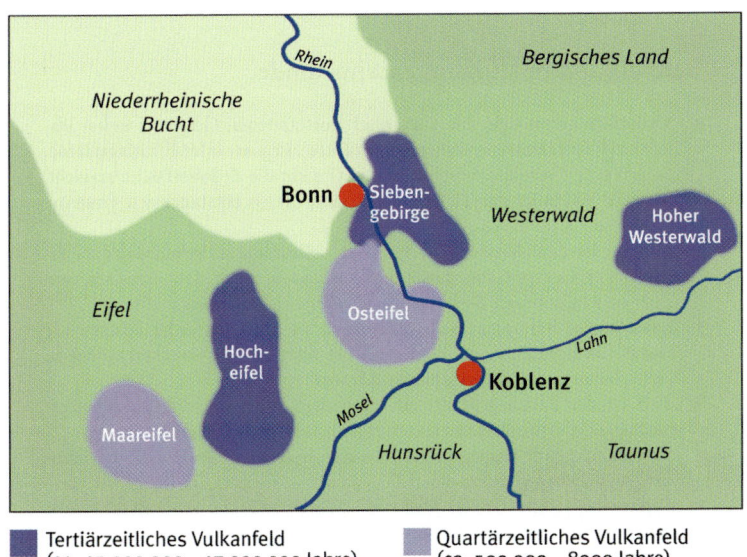

■ Tertiärzeitliches Vulkanfeld
(ca. 45 000 000 – 17 000 000 Jahre)

■ Quartärzeitliches Vulkanfeld
(ca. 500 000 – 8000 Jahre)

Lage der rheinischen Vulkanfelder

neues Gebirgsstockwerk auf. In der Eifel konzentriert sich der Vulkanismus zunächst auf ein nord-südlich ausgedehntes Vulkanfeld ostwärts der Nord-Süd-Depression. Mit dem Anheben des Gebirges stiegen aus dem oberen Erdmantel aus etwa 100 km Tiefe Gesteinsschmelzen zur Oberfläche und förderten zunächst nur in der Hocheifel vor etwa 45–35 Mio. Jahren an etwa 300 Ausbruchspunkten überwiegend Basalte. Damals entstanden die markanten Vulkanberge des Hohe-Acht-Berglandes mit der höchsten Eifelerhebung, der Hohen Acht (747 m). Hierher gehören auch Nürburg, Hochkelberg, Höchstberg sowie der landschaftswirksame Aremberg hoch über dem Ahrtal. Das heiße Herkunftsgebiet der Magmen besteht immer noch: Das Forschungsprojekt Eifel-Plume hat hier im Erdmantel ein etwa 100 km breites Gebiet nachgewiesen, in dem die Temperaturen um bis zu 150 °C höher liegen als im umgebenden Bereich.

Nach einigen Jahrmillionen verlagerte sich der Hocheifel-Vulkanismus zum nördlichen Talausgang des Mittelrheins und hinterließ hier die zahlreichen Vulkankuppen des Siebengebirges sowie wenig später auch den breiten Gürtel der Westerwälder Vulkanberge. Vulkanische Hocheifel, Siebengebirge und Westerwald bilden somit drei räumlich getrennte, aber noch in Sicht-

Schnellkurs in Vulkangesteinskunde

- **Vulkanite** nennt man alle vulkanisch entstandenen Gesteine; weiter üblich sind auch Bezeichnungen wie Eruptiv-, Erguss- oder Effusivgesteine. Sofern eine Gesteinsschmelze (Magma) nicht die Erdoberfläche erreicht, sondern schon in der Tiefe erstarrt, sind die so entstandenen Gesteine Plutonite.
- **Magma** ist eine Masse teilweise oder vollständig aufgeschmolzener silikatischer Gesteine mit darin gelösten Gasen. Nach dem Erkalten und Erstarren nennt man die betreffenden Gesteine auch Magmatite.
- **Lava** ist der bei einem Vulkanausbruch an der Oberfläche austretende Gesteinsschmelzfluss, der als Lavastrom über gewisse Strecken abfließen kann, bevor er durch Erkalten zu zäh wird.
- **Tuff** ist der Fachbegriff für ein nach dem Auswurf verfestigtes vulkanisches Förderprodukt mit unterschiedlichen Korngrößen.
- **Schlacken** nennt man sehr raue, rissige und stark blasig-poröse vulkanische Auswurfprodukte.
- **Tephra** bezeichnet locker bleibende Förderprodukte, auch Pyroklastika genannt, mit den folgenden Untergruppen:
- **Aschen** sind staubfeine bis feinkörnige vulkanische Auswurfmassen,
- **Lapilli** stellen die an die Aschen anschließenden Kornfraktionen mit getreidekorn- bis etwa nussgroßen vulkanischen Auswurfmassen.

weite zueinander liegende tertiärzeitliche Vulkanfelder. Im Siebengebirgs-Vulkanfeld begannen die Eruptionen vor etwa 25 Mio. Jahren und endeten nach etwa 7 Mio. Jahren. Das überall aus der Osteifel sichtbare kuppenreiche Siebengebirge ist für das Untere Mittelrheintal die heute landschaftswirksamste Struktur. Seine Ausbruchspunkte umfassen auch nicht nur die rund 40 rechtsrheinischen Vulkankuppen an der Nordostecke des Westerwaldes, sondern auch die in Reihen angeordneten Basaltberge der Linzer Höhe sowie das linksrheinische Tertiärkuppenland der Gemeinde Wachtberg. Dieses Vulkanfeld endet mit der markanten Landskron am unteren Ausgang des Ahrtals. Das Hocheifeler Vulkanfeld bildet das Westende eines tertiärzeitlichen Vulkanstreifens, der im Osten an der Elbe in Nordböhmen beginnt und über Rhön, Vogelsberg, Westerwald quer durch Mitteleuropa zieht.

Furios, aber noch kein Finale

Trotz des seit dem Alttertiär erfolgenden Gebirgsaufstiegs war die Eifel auch am Ende des Tertiärs immer noch eine relativ flache, kaum gegliederte Landschaft. Erst im jüngeren Abschnitt des Quartärs verstärkte sich das Anheben des Schiefergebirgsrumpfes erneut und mit rund 150 m so stark, dass Rhein und Mosel sich nun mit ihren Nebenflüssen tief einschneiden mussten. Während dieser starken immer noch andauernden Hebungsphase stellte sich erneut lebhafter Vulkanismus ein. Im Umkreis des heutigen Laacher Sees entstand eine der jüngsten Vulkanlandschaften Kontinentaleuropas mit etwa 120 Einzelvulkanen – das Osteifeler Vulkanfeld (Abb. S. 27). Dieses junge Vulkanfeld entwickelte sich über etwa 500 000 Jahre. Seine Eckpunkte bilden im Norden die Basaltvulkane Teufelsburg bei Oberheckenbach und Leilenkopf bei Niederlützingen, im Osten die Hohe Buche bei Brohl, im Süden der Beulskopf bei Winningen über dem nördlichen Moselufer und im Westen der Hochsimmer bei Ettringen. Auch außerhalb dieses Areals finden sich vereinzelt quartärzeitliche Vulkane. Ihre Fundpunkte liegen beispielsweise westlich von Virneburg, bei Mertloch und Düngenheim. Hierher gehören schließlich auch der Rodderberg oberhalb von Bonn-Mehlem und auf der rechten Rheinseite zwei Ausbruchspunkte im Westerwald bei Höhr-Grenzhausen und Caan. Die beiden letztgenannten Vulkane sind übrigens die ältesten Vertreter des Osteifeler Vulkanfeldes – der jüngere Eifelvulkanismus begann damit eigentlich auf der heutigen Westerwaldseite des Schiefergebirges.

Die starke Hebung, die den quartärzeitlichen Vulkanismus auslöste, hat Teile der Eifel um mehr als 200 m aufsteigen lassen. Diese Bewegungen vollziehen sich zum Teil bruchlos, an Verwerfungen fallweise aber auch ruckartig. Solche plötzlichen Versetzungen äußern sich üblicherweise in Erdbeben,

die besonders häufig in der Niederrheinischen Bucht und nicht selten auch
in Neuwieder Becken und Südosteifel auftreten. Teile der Eifel wachsen übrigens immer noch um Millimeterbeträge im Jahr in die Höhe und steigen
damit rascher auf als im langfristigen Mittel während der Auffaltung am
Ende des Erdaltertums oder während des jüngeren Tertiärs.

Aschen, Laven und Tuffe

Der quartärzeitliche Vulkanismus begann mit der Förderung heller phonolithischer Tuffe und Laven sowie dunkler basaltischer Aschen. Die heute
verlassenen Steinbrüche zwischen Rieden und Weibern vermitteln einen
großartigen Eindruck von der Mächtigkeit der hier abgebauten Tuffdecke.
Vor der Eruption sammelte sich das aus der Tiefe aufgestiegene, geschmolze-
ne Gestein (Magma) in unterirdischen Kammern (Herden) nahe der Oberfläche an. Durch den Ausstoß der Aschen und Tuffe wurden die einzelnen
Herde entleert, sodass die nunmehr dünne Erdkruste darüber stellenweise
als breite Senke einbrach. So entstand der Riedener Kessel – eine geradezu
klassische Caldera-Struktur (nach dem spanischen Wort für Kessel).

Außer phonolithischen Tuffen förderten die Vulkane auch phonolithische
Laven, die hier zu rundlichen Kuppen aus Phonolith („Klingstein", klingt
beim Anschlagen ungewöhnlich hell) erstarrten. Ein besonders markantes,
ebenmäßig rundliches und geradezu erotisch anmutendes Beispiel trägt heute die Burgruine Olbrück (vgl. Bildhintergrund S. 24 und S. 31).

In einer zweiten Phase warfen die Osteifeler Vulkane vor allem basaltische
Aschen, Schlacken und Laven. Zeitlich überlagern sich dieser Basalt- und der
Phonolith-Vulkanismus. An mehreren Stellen liegen die Basaltaschen sogar
unter den Phonolithtuffen (Tuffgrube am Südwestfuß des Hochsteins westlich
der Straße Ettringen-Bell). Aus diesem Abschnitt des vulkanischen Geschehens
stammt der weithin sichtbare Hochsimmer bei Ettringen, mit 587 m die höchste Erhebung der Osteifel. Ausfließende Lava hat seinen Basalt-Schlackenkegel
nach Süden geöffnet, sodass nur ein hufeisenförmiger Ringwall erhalten blieb.

Die Ettringer und Mayener Lava, gesteinskundlich als Leuzit-Tephrit
bezeichnet, setzte während ihres Austritts darin gelöste Gase frei und erhielt
deswegen bei der Erstarrung eine eigenartig schaumig-poröse Struktur.
Mahlsteine aus Osteifeler Basaltlava hat man sogar in Südengland gefunden.
In den Dörfern rund um den Laacher See sind die Vulkangesteine der Region im Mauerwerk vieler Wohn- und sonstiger Funktionsgebäude zu sehen.
Auch die berühmte Abteibasilika Maria Laach ist nicht nur ein bedeutsa-
mes baugeschichtliches Denkmal staufisch-salischer Hochromanik, sondern
gleichzeitig ein Schaustück der regionalen Erdgeschichte.

Phonolithkuppe Olbrück

Im Gebiet um Mendig liegen mehrere Basaltlavaströme übereinander. Davon besteht die obere wie die Mayener Lava aus schaumig-porösem Basalt. Eine Häufung von Basaltschlackenkegeln stellte die Gruppe der Wannen- und Eiterköpfe bei Ochtendung dar, die als Fundort einer Schädelkalotte des Neandertalers berühmt wurden. Auch sie sind bis auf wenige Reste dem Abbau zum Opfer gefallen.

„Schlussakkord" in der Späteiszeit

Vor etwa 200 000 Jahren hatte sich im Raum Wehr wiederum ein Herd mit relativ leichten, nichtbasaltischen Magmen gebildet. In mehreren Schüben wurden daraus aus verschiedenen Schloten phonolithische Bimsmassen ausgeschleudert. Bims ist ein durch Gaseinschlüsse schaumiges, rasch erstarrtes Gestein. Wegen seines geringen spezifischen Gewichtes schwimmt es auf dem Wasser und wird bei Vulkanausbrüchen meist in etwa nussgroßen Körnern ausgeworfen. Nach den Eruptionen brach die Kruste über dem entleerten Herd als große, ovale Senke (Caldera) ein. So entstand der in nordsüdlicher Richtung gestreckte Wehrer Kessel. Die Wehrer Bimsvulkane waren vor etwa 200 000–100 000 Jahren aktiv.

Schließlich bildete sich gegen Ende der letzten Kaltzeit relativ hoch in der Erdkruste noch einmal ein phonolithischer Vulkanherd, der offenbar unter besonders hohem Gasdruck stand. Nach anfänglich nur schwächeren Eruptionen öffnete sich im Nordteil des heutigen Laacher Beckens ein Schlot, aus dem innerhalb kurzer Zeit mehrere Kubikkilometer Bims ausgeschleudert wurden. Sie überschütteten das gesamte Neuwieder Becken und weite Teile im Umkreis mit einer mehrere Meter mächtigen Bimsdecke. Neben den Bimsbrocken drangen aus dem Schlot auch glühende Wolken feiner Aschen und wälzten sich als vernichtende Feuerwalzen durch die benachbarten Täler: Im Brohltal häuften sie sich, bei der Abkühlung verfestigt, zu hellen Tuffmassen bis 60 m hoch über den ursprünglichen Talgrund an. Im Rheinland bezeichnet man diese Aschentuffe als Trass. Bereits die Römer haben dieses außerordentlich feinkörnige Vulkangestein für Bauzwecke abgebaut.

Durch die rasche Entleerung des Herdes – die Eruption von Bims und Aschen dauerte insgesamt nur wenige Tage – brach die dünne, überdeckende

Abbauwand Wingertsberg am Laacher See (Geotop)

Der Laacher See – Glanzpunkt der Osteifel

CO_2-Mofetten im Laacher See

Mit zwei weiteren Vulkanregionen der Eifel bildet der Vulkanpark Brohltal-Laacher See seit April 2005 den „Nationalen Geopark Vulkanland Eifel". Vom Parkplatz an der berühmten Abtei Maria Laach aus geht man am Ufer des 3,33 km² großen Sees entlang in nördlicher Richtung bis zum Hotel „Waldfrieden" über dem nördlichen Caldera-Hang. Von hier sind es nur wenige Schritte zum Lydiaturm, der eine prächtige Sicht auf das Seebecken und die umliegende Landschaft bietet. Nach Norden geht der Blick über die breite linksrheinische Hauptterrasse bis zum tertiärzeitlichen Vulkanfeld des Siebengebirges. Gegenüber führt der Weg an Anrissen von Bimsablagerungen vorbei. Dann passiert man offenliegende Sand- und Siltsteine des unterdevonischen Mittelsiegen, hier überlagert von tertiärzeitlichen Quarzschottern. Etwas mehr als einen Kilometer weiter quert der Weg den Basaltlavastrom Lorenzfelsen. In direkter Nähe perlt im Wasser des Sees ufernah Kohlenstoffdioxid aus. Solche vulkanogenen Gasaustritte nennt man Mofetten. Bald erreicht man in der Südostecke des Beckens eine in den See ragende Halbinsel mit dem Schlackenkegel Alte Burg: Rote Basaltschlacken wechseln hier mit grauen Bänken zusammengeschweißter Lavafetzen ab. Der weitere Weg über dem flach einfallenden Südufer ist ehemaliger Seeboden: Da nach starken Niederschlägen die Krypta der Abteikirche regelmäßig unter Wasser stand, ließ Abt Fulbert 1152–1170 einen Abzugstollen durch die südliche Seeumwallung treiben, der den Seespiegel um 5 m absenkte. Im Jahre 1844 baute man unterhalb des mittelalterlichen Stollens einen weiteren Abzugskanal, der den Seespiegel auf sein heutiges Niveau bei 274,7 m absenkte.

Erstmals wurden der Laacher See mit den umgebenden Höhen 1912 als Landschaftsschutzgebiet (LSG) und 1926 als Naturschutzgebiet (NSG) ausgewiesen. Der größere Teil des 1981 neu ausgewiesenen und insgesamt 2100 ha großen NSG gehört zum Landkreis Mayen-Koblenz, der Rest zum Landkreis Ahrweiler. Die jetzt bestehenden Nutzungsgenehmigungen (Wassersport, Landwirtschaft, Bergbau) sind im Sinne einer umfassenden Bewahrung dieser hochrangigen Landschaft unbefriedigend.

Erdkruste in einer 2 × 3 km weiten Caldera ein und bildete so den Laacher Kessel. Da bei der Eruption ein außerordentlich heißer Gasstrom viele Kilometer hoch bis in die Stratosphäre aufstieg, löste er – wie auch bei jüngeren Vulkanausbrüchen weltweit zu beobachten – heftige Gewitter mit ergiebigen Regengüssen aus. Somit gelangten größere Mengen von Niederschlagswasser in den noch offenen Schlot und kamen hier direkt mit dem noch sehr heißen Gestein in Kontakt, was zu außerordentlich heftigen Wasserdampfexplosionen führte. In den zuvor aufgeschichteten Lockermassen haben diese heftigen Eruptionsstöße dünenartige Strukturen hinterlassen, die man eindrucksvoll in der 40 m hohen Wingertsberg-Abbauwand bei Mendig (Geotop) sehen kann (Abb. S. 32).

In der unmittelbaren Umgebung des Laacher Kessels hinterließen die jüngsten Eruptionen die viele Meter mächtige Decke aus nebengesteinsreichem und deshalb grauem Laacher Bims. Er besteht hauptsächlich aus Fragmenten des devonischen Untergrundes und eignet sich deshalb weniger als Baustoff. Die vorangegangenen Förderprodukte des Laacher-See-Vulkans, der Weiße Bims, bilden dagegen seit dem ausgehenden 19. Jahrhundert einen wertvollen Rohstoff, aus dem vor allem Leichtbausteine gefertigt werden.

Ob der rheinische Vulkanismus in der Osteifel mit der Eruption des Laacher See-Vulkans vor rund 13 000 Jahren seinen endgültigen Abschluss gefunden hat oder nur in ein ruhigeres Intermezzo eingetreten ist, lässt sich kaum entscheiden. Immerhin zeigt die Region mit relativ häufigen Erdbeben nach wie vor eine erhebliche tektonische Unruhe, die letztlich den Vulkanismus auslöste. Subvulkanische Erscheinungen sind die zahlreichen Mineralquellen und Gasaustritte (Mofetten). Viele der bekannten Mineral- und Thermalquellen befinden sich im Kern von Sattelstrukturen oder folgen Verwerfungslinien. Einige von ihnen waren bereits zur Römerzeit bekannt und wurden entsprechend genutzt – bezeichnenderweise umgeht die alte römische Reichsgrenze (= obergermanischer Limes) den gesamten mittelrheinischen Bezirk vulkanogener Mineralquellen östlich.

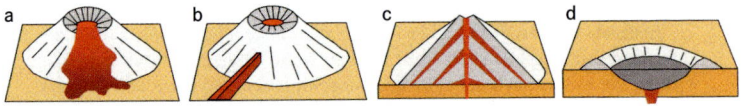

Feurige Typen: In den Eifeler Vulkanfeldern sind verschiedene Vulkanformen vertreten: Schlacken- und Lapilli- bzw. Schichtvulkane sind positive, Maare und die hier nicht dargestellten Calderen dagegen negative Reliefformen. **a** Schlackenkegel mit Lavastrom, **b** Schlackenkegel mit Lavagang, **c** Schichtvulkan, **d** Maar mit Tuffring

Zeitmarke und Forschungslandschaft

Die feinen phonolithischen Aschen der imposanten Laacher Bimseruption wurden mit Luftströmungen über weite Teile Europas von Südskandinavien bis zum Westalpenbogen verbreitet und finden sich vielerorts als milli- bis zentimeterdicke Lagen in Hochmoor- oder Seenablagerungen. Daher ließ sich das genauere Alter der Eruptionen einerseits mit Hilfe der Pollenanalyse, andererseits aber auch über die in den eingebetteten Pflanzenresten enthaltenen radioaktiven Kohlenstoffatome (^{14}C) bestimmen. Danach hat die Laacher Bimskatastrophe etwa 13 000 Jahre vor der Gegenwart (die genaueste Datierung geht von 12 900 Jahren vor heute aus) stattgefunden und mit ihren gewaltigen Materialschüttungen einen Zeithorizont aus

Hier irrte Goethe

Entstehung und Aufbau des Laacher Kessels und der umliegenden Berge haben schon vor über 200 Jahren das gebildete Europa lebhaft interessiert. Auch im berühmten Lehrstreit zwischen den Anhängern einer ausschließlich nichtvulkanischen ("neptunistischen") Ent-
stehung von Gesteinen im Wasser und den "Plutonisten", die in diesen Landschaftsformen tatsächlich erloschene Vulkane sahen, wurde intensiv über den Laacher See diskutiert. Das zeigen Goethes Notizen an den Kölner Kunstsammler Sulpiz Boisserée vom 2. August 1815: "...ich kann nicht aus meinem Neptunismus heraus. Das ist mir am auffallendsten gewesen am Laacher See und zu Mennig [Mendig]... Da ist mir nun alles so allmählich erschienen, das Loch mit seinen gelinden Hügeln und Buchenhainen; und warum sollte denn das Wasser nicht auch löcherige Steine machen können, wie die Bimssteine und die Menniger Steine?" Hier lag Goethe mit seiner Einschätzung kräftig daneben – und sogar nachhaltig, wie die moderne geologische Erforschung eindeutig klarstellte.

Johann Wolfgang von Goethe und Heinrich Friedrich Karl vom und zum Stein besuchten das Kloster Maria Laach am 28. Juli 1815

der ausgehenden Späteiszeit überdeckt, den die Archäologen nach einem dänischen Fundplatz als Allerød bezeichnen. Die Überdeckung mit vulkanischem Lockermaterial schützte die vorvulkanische Erdoberfläche vor der Abtragung. Daher sind hier einzigartige Dokumente aus der Zeit unmittelbar vor dem Ausbruchsgeschehen dokumentiert – beispielsweise Laufspuren von einem Birkhuhn und einem Bär bei Mertloch, beide in der Ausstellung des Eiszeitmuseum in Schloss Monrepos bei Neuwied zu sehen. Der späteiszeitliche Mensch war wohl nicht unmittelbar Zeuge des gewaltigen Ausbruchs. Vermutlich hatten die im Gebiet siedelnden magdalénienzeitlichen Jägergruppen die Region rechtzeitig verlassen, als sich die Katastrophe durch Erdbeben ankündigte. In nur einem Fall ist bislang direkt unter dem Laacher Bims ein menschliches Skelett gefunden worden. In einem erfolgreichen Regiokrimi lässt der Essener Vulkanologe Ulrich C. Schreiber den Laacher See-Kessel in der Jetztzeit noch einmal ausbrechen – ein nicht ganz auszuschließendes, aber nach derzeitiger Einschätzung eher unwahrscheinliches Ereignis.

Das Westeifeler Vulkanfeld

Auch in der Westeifel entstand im Zusammenhang mit der Gebirgshebung im Umfeld der Nord-Süd-Zone während der Quartärzeit ein dicht mit Ausbruchspunkten besetztes Vulkanfeld: Im Geländestreifen zwischen Bad Bertrich im Südosten und Ormont im Nordwesten entstanden zahlreiche basaltische Tuff- und Schlackenkuppen und – als Einzigartigkeit dieses Vulkanfeldes – mehr als 50 Maarkessel, von denen neun (wieder) mit Wasser gefüllt sind. Die Maare sind allesamt sehr junge Vulkane. Das jüngste (= Ulmener Maar) ist sogar etwas später entstanden als der Laacher See-Vulkan.

Das Westeifeler Vulkanfeld gehört fraglos zu den landschaftlich schönsten Teilgebieten der Eifel. Gegen die östlich anschließende vulkanische Hocheifel strahlt es weit aus und rückt dadurch sogar bis auf 10 km Entfernung an das gleichaltrige Vulkangebiet der Osteifel (Laacher See-Gebiet) heran. Eine der neueren Entdeckungen ist hier das Döttinger Maar etwa 3 km östlich der Nürburg, eine flache Senke von etwa 2 km Durchmesser und 40 m Tiefe in der umrahmenden Hochfläche. Am Westrand des Maares befindet sich der Schlackenkegel Niveligsberg, etwa 500 m nordöstlich der Tuffschlot von Herresbach. Dieses Dreierensemble bildet – obwohl im Kernbereich des tertiärzeitlichen Hocheifel-Vulkanfeldes gelegen – die weit vorgeschobenen nordöstlichsten Ausbruchpunkte des quartärzeitlichen Westeifel-Vulkanfeldes.

Löchrige Landschaft

Das bisher höchste radiometrisch bestimmte Alter eines Westeifeler Basalt-vulkans weist mit 970 000 Jahren der Beuel bei Zilsdorf auf – offenbar ein Vorläufer zu den Hauptakten des vulkanischen Geschehens, das vor etwa 600 000 Jahren an mehreren Stellen im Raum Daun – Gerolstein einsetzte. Ein Beispiel dieser Vulkangeneration ist der Firmerich östlich vom Bahnhof Daun, ein basaltischer Schlackenwall, den ein nach Nordwesten ausfließen-der Lavastrom geöffnet hat. Sein Westende trägt die eindrucksvolle Burg Daun. Dazwischen verläuft heute das Liesertal.

Fast alle Vulkangesteine der Westeifel sind basaltisch zusammengesetzt und im gesamten Vulkanfeld relativ gleichförmig verteilt. Basaltisches Mag-ma entsteht in Tiefen von etwa 100 km, wenn Gesteine des Erdmantels groß-flächig aufgeschmolzen werden. Was eine derartige Aufheizung verursacht – die Basaltschmelzen erreichen die Erdoberfläche immerhin mit einer Tem-peratur von etwa 1100 °C – ist noch nicht im Detail bekannt. Ihr Aufstieg vom Erdmantel bis an die Erdoberfläche dauert manchmal nur wenige Tage, denn manche Basalte enthalten unveränderte Bruchstücke von Erdmantel-

Lavabombe aus dem Wartgesberg bei Strohn

gesteinen, die einen längeren Transport sicherlich nicht überstanden hätten. Wenn sich die Gesteinsschmelze der Erdoberfläche nähert, lässt allmählich auch der Druck nach, unter dem sie in der Tiefe steht. Dies führt zur Freisetzung von Gas, wie beim Öffnen einer Sprudelwasser- oder Sektflasche. Das Gas reißt Stücke von den Schlotwänden und aus dem Dach der aufsteigenden Magmensäule. Es zerlegt außerdem die Schmelze in einzelne Tropfen. Manchmal entstehen aber auch spindel- bis tropfenförmige Schlackenbomben. Eine Rekordbombe von 4 m Durchmesser ist östlich von Strohn an der Straße aufgestellt – sie stammt aus dem Schlackenvulkan Wartgesberg.

Werden solche Lavafetzen in rascher Folge ausgeworfen, laufen sie beim Aufschlag wie zerbrochene Eier auseinander und verschweißen zu größeren Schlackenbänken (Schweißschlacke). Die gasgetriebene Ausbruchstätigkeit eines Vulkans kann innerhalb weniger Tage ablaufen. Beim Basaltvulkan Paricutin in Mexiko entstand 1943 ein 160 m hoher Aschenkegel in nur

Die Hohe Acht ist die höchste Eifelerhebung

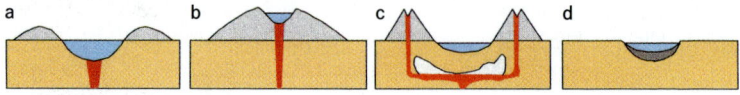

Seentypen in der Vulkaneifel: **a** Maarsee (Pulvermaar), **b** Kratersee (Windsborn), **c** Caldera-See (Laacher See), **d** Impaktkratersee (Rodder Maar)

sechs Tagen. Bezeichnenderweise zeigen viele Vulkankuppen der Eifel gerade diese Größenverhältnisse.

Die Lapilli- und Schlackenkegel der Eifel sind im Laufe von Jahrtausenden zu runden Kuppen verwittert, wobei sich meist auch die Kratermulden gefüllt haben. Nur bei dem vergleichsweise jungen Schlackenbau des Windsbornvulkans in der Mosenberg-Gruppe bei Manderscheid ist der Kraterrand aus harten Schweißschlackenbänken noch konturscharf erhalten. Im Kraterboden häufte sich mit der Zeit organisches Material an und dichtete ihn nach unten ab. So konnte hier ausnahmsweise sogar ein flacher Kratersee entstehen – und tatsächlich der einzige unter den vulkanisch entstandenen Gewässern der Eifel.

Die Maare der Westeifel

Schon seit Jahrhunderten bezeichnet man im Rheinland kleine Gewässer oder feuchte Stellen als Maare. Sebastian Münster verwendet in seiner berühmten *Cosmographia* 1544 die Bezeichnung „marh" für den Laacher See und das Ulmener Maar. Der Trierer Gelehrte Johann Steininger erläuterte in seinem Werk „Die erloschenen Vulkane in der Eifel und am Niederrhein" im Jahre 1820 erstmals ihre Vulkanologie. Alexander von Humboldt informierte in seinem 1858 erschienenen „Kosmos" sogar die gesamte gebildete Welt über den besonderen Vulkantyp Maar. Unterdessen sind *the maars* und *les maars* sogar in der internationalen Fachliteratur feste Begriffe. Nach wie vor ist Alexander von Humboldts Kurzbeschreibung gültig: Maare sind danach „kesselförmige Einsenkungen in nicht vulkanisches Gestein (devonischen Schiefer) und von wenig erhabenen Rändern umgeben, die sie selbst gebildet" haben. Zu ergänzen ist aus moderner Sicht, dass die Maarkessel beziehungsweise -trichter vorwiegend durch Gaseruptionen ausgeräumt wurden.

Wie die Eifelmaare entstanden

Ältere Beschreibungen des Maarvulkanismus gingen noch davon aus, dass die Kessel, Trichter oder Schüsseln durch die Explosion entzündlicher Gase entstanden seien, etwa nach Art der gefürchteten „Schlagenden Wetter" im Steinkohlenbergbau. Erst gegen Ende des 20. Jahrhunderts setzte sich die Erkenntnis durch, wonach Maare auf äußerst heftige Wasserdampfexplosionen zurückgehen. Sie bildeten sich immer dann, wenn relativ kühles, versickerndes Oberflächenwasser direkt mit aufsteigendem Magma in Berührung kam. Manchmal genügte bereits der Kontakt mit den Grundwasservorräten, nach-

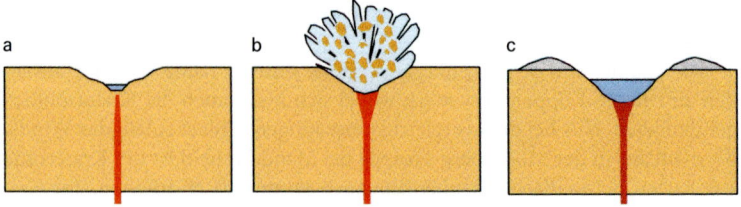

Maarentstehung: **a** Ein Schlot öffnet sich in einem Bachtal. **b** Oberflächenwasser dringt in den Schlot ein und löst eine heftige Wasserdampfexplosion aus. **c** Der ausgesprengte Maartrichter füllt sich mit Wasser und wird zum Maarsee.

dem sich die Gesteinsschmelze durch Fugen und Klüfte des Grundgebirges den Weg nach oben gebahnt hatte.

Sobald glühender Gesteinsbrei von weit über 1000 °C mit Oberflächenwasser in Berührung kommt, entsteht augenblicklich stark überspannter Wasserdampf, dessen gewaltiger Druck sich explosiv entlädt. Er zerreißt und zertrümmert das einsperrende Gestein und presst es mit hoher Gewalt nach oben. So entsteht der Schlot, durch den der Wasserdampf heißes Gesteinsmaterial ausschleudert. In der Vulkanologie bezeichnet man die Reaktion von heißem Magma mit kaltem Wasser als phreatomagmatische oder phreatische Eruption.

Ob nun der Schlot nur zur einfachen Durchschlagsröhre (Diatrem) wird oder sich zum Maarkessel erweitert, hängt davon ab, welche Wassermengen mit dem Magma reagieren und in welcher Tiefe der verhängnisvolle Kontakt zwischen Feuer und Wasser stattfindet. Läuft eine größere Wassermenge aus kleineren Bächen oder nach Gewitterfluten von oben zu, finden die Wasserdampfexplosionen nahe der Erdoberfläche beziehungsweise in nur 30–100 m Tiefe statt. Dann entstehen Aussprengtrichter von höchstens einigen Hundert Metern Durchmesser. Die zerborstenen, ausgesprengten Gesteinsfragmente werden zum Wall aufgeschüttet. Zu diesem Maartyp gehören unter anderem Gemündener Maar, Weinfelder Maar, Pulvermaar, Holzmaar, Dürres Maar und auch das kleinste der Eifelmaare, die Hitsche bei Gillenfeld, eine kleine Wiesensenke von nur 60 bis 70 m Durchmesser.

Sollte nach Starkregenfällen ein wasserreicher Bach in den Schlot gelangen, versickert das Wasser eventuell auch tiefer – und die Explosionen werden ungleich heftiger. Da sie nun in 300–500 m Tiefe stattfinden, können sie nach oben keinen Trichter ausbrechen. Stattdessen zertrümmern sie das Gestein bereits in der Explosionskammer, pressen es durch Spalten oder enge Schlote aus und schleudern es kilometerweit strahlenförmig in die

Schalkenmehrener Doppelmaar: Das im Hintergrund liegende zweite Maar ist vermoort.

Maarumgebung. Anschließend brechen größere Schollen in die entleerte Explosionskammer ein. Eindrucksvollstes Beispiel dieses Maartyps, der durch Aussprengung und Einsenkung entstand, ist der mit rund 1500 × 1200 m Durchmesser größte Eifeler Maarkessel der Eifel, der Meerfelder Kessel mit Maarsee und namengebendem Dorf. Am Kesselrand fallen mehrere durch die Wucht der Explosion gegeneinander verkippte Schollen aus Devon und Buntsandstein auf. Auch der Dreiser Weiher (1350 × 1200 m) und das westliche Schalkenmehrener Maar (1300 × 1000 m) gehören zu diesem Maartyp.

Wasser im Kessel

Soweit die ausgesprengten Maarkessel abflusslos blieben, bildeten sich darin schon kurz nach der Entstehung Stillgewässer. Das anfangs noch tote, da in wahrhaft höllischen Szenarien entstandene Maar entwickelte sich in verhältnismäßig kurzer Zeit zum quicklebendigen Maarsee. Fallweise vergingen diese Maarseen aber auch wieder. Durch Sturzbäche und Niederschläge in das Maarbecken eingeschwemmte Bodenteilchen füllten den Gewässergrund allmählich auf. Die Ufer wurden seichter und zum Wuchsort für Röhrichte. Mit der Zeit schoben sich die ufernahen Pflanzengürtel zur Seemitte vor, wobei sich die freie Wasserfläche langsam wie eine Irisblende verkleinerte: Schließlich verlandete das Maar, was je nach Ausgangsgröße und Beckengestalt eines Maares viele Jahrtausende dauerte. Beim östlichen Schalkenmehrener Maar oder bei den Booser Maaren verblieb keine offene Wasserfläche mehr. Beim Holzmaar oder in Teilen des Meerfelder Maares läuft dieser Prozess gegenwärtig ab.

Der weitaus größte Teil der über 50 unterdessen (an-)erkannten Eifelmaare sind Trockenmaare. Einen (geo-)touristisch ungleich höheren Erlebniswert weisen natürlich die wassergefüllten Maarkessel auf. Klassiker des Besucherinteresses sind die Dauner Maargruppe (Weinfelder Maar = Totenmaar, Schalkenmehrener Maar, Gemündener Maar), ferner Pulvermaar, Ulmener Maar, Immerather Maar, Holzmaar und Meerfelder Maar. Im Frühjahr 2008 wurde das Eichholzmaar zwischen Steffeln und Duppach als Maarsee renaturiert, nachdem es erst zu Beginn des 20. Jahrhunderts zur Gewinnung von Wiesenflächen trockengelegt worden war. Das 1999 als Gewässer wieder hergestellte Rodder Maar bei Niederzissen (Osteifel) heißt zwar so, ist aber kein echtes Maargewässer, weil sich keine vulkanogenen Reste nachweisen lassen. Stattdessen traf eine Bohrung ab 12 m Tiefe nur

Maarmoore

Mit der Verlandung ist mitunter ein für die ökologische Entwicklung eines Maarbeckens bedeutsamer Vorgang gekoppelt: Nicht alle abgestorbenen Pflanzenteile, die irgendwann einmal ins Wasser fallen, vergehen oder verwesen dort. Unter Umständen wird die Pflanzenmasse im Laufe von Jahrhunderten und Jahrtausenden zu Torf. Der lebende Pflanzengürtel, der laufend Nachschub für das Torflager unter seinen Füßen produziert, ist also ein Maarmoor.

Die natürliche Verlandungsentwicklung eines offenen Maargewässers endet oft nicht mit dem Flach- oder Niedermoor-Stadium. Eventuell kann ein Niedermoor auch in ein Hochmoor übergehen: In wenigen Eifelmaaren ist die Moorentwicklung bis zum Hochmoorstadium vorangekommen. Zu diesen biologischen Kleinoden gehören das Dürre Maar, das kleine Strohner Maarchen und Teile der Mürmes. Etliche extrem seltene Pflanzenarten haben in diesen Maarhochmooren einen letzten gefährdeten Standort gefunden. Ihre nächsten Fundplätze liegen in den wenigen norddeutschen und in den skandinavischen Mooren. In den Maarmooren hat sich somit ein Vegetationsbild aus längst vergangener Zeit bewahrt – sie sind mitten in unserer intensiv genutzten Kulturlandschaft inselartige Vorposten der nordischen Tundra.

devonisches Trümmergestein an, weshalb man einen Meteoritentreffer als Ursache für die Hohlform diskutiert.

Eifel-Urpferde im Eckfelder Maar

Im Jahre 1980 brachten Trierer Geologen im Pellenbachtal bei Manderscheid-Eckfeld eine Forschungsbohrung bis auf 66,5 m Tiefe nieder. Das nüchterne Bohrprotokoll überraschte mit spektakulären Ergebnissen: Die rundliche Eckfelder Talweitung ist tatsächlich ein knapp 50 Mio. Jahre altes frühtertiärzeitliches (mitteleozänes) Eifelmaar und zudem das mit Abstand älteste – rund 5000-mal älter als alle übrigen Maare der Westeifel.

Auch der Kessel des Eckfelder Maares füllte sich mit Wasser und wurde zum Maarsee. Grabungen des Naturhistorischen Museums Mainz (Landessammlung für Naturkunde Rheinland-Pfalz) haben aus seinen Seesedimenten eine Fülle fossiler Pflanzen und Tiere von außergewöhnlich guter Erhaltung geborgen, darunter Blattfossilien von Ulmen-, Walnuss- und Rosengewächsen, aber auch Palmen, Lorbeer- und Teegewächse, deren heutige Nachfahren nur in den Wärmegebieten vorkommen. Außerdem fand man zahlreiche Käfer – darunter auch solche, deren Flügeldecken selbst nach rund 50 Millionen Jahren noch metallisch bunt schillern. Zum Fundgut gehören zahlreiche Fische. Panzerplatten weisen auf Schildkröten, ein paar Zähne und ein Kieferbruchstück auch auf Krokodile hin – sie sind nicht nur bemerkenswerte Eifeltiere früherer Epochen, sondern zugleich auch interessante Klimazeugen: Ihr Wohngewässer war wohl ein subtropischer Warmwassersee. In der fossilen Eckfelder Fauna sind auch ertrunkene Landwirbeltiere vertreten. Sensationell ist das vollständige Skelett des nur hundegroßen Urpferdes *Propalaeotherium* sowie ein gänzlich unverformter Urpferdschädel – viel besser erhalten als die weltberühmten Urpferdfunde aus der Grube Messel. Einige spektakuläre Fossilfunde aus dem Eckfelder Maar sind im Manderscheider Maarmuseum zu sehen, der Anlaufstation 38 der Deutschen Vulkanstraße.

Von der Natur- zur Kulturlandschaft

Kalenderfotos und Landschaftsbildbände sind ein gleichermaßen zuverlässiger Indikator: Üblicherweise umfasst ihre Motivwahl keine finsteren Fichtenforste, auch keine horizontweiten Mais- und Rübenäcker oder die Asphaltbänder grauer Landstraßen. Ein Mittelgebirgsausschnitt mit sanft geschwungenen Hügelketten und verträumt eingebetteten Dörfern hat wohl eher Chancen für die Bildauswahl. Vielfältige landschaftliche Ensembles sprechen das Gemüt des Naturfreundes eben stark an. Diese Bilderbuchlandschaft gilt vielfach als Inbegriff einer ganzheitlich erlebenswerten Natur.

Landschaft mit Doppelnatur

Die umschriebene Idylle besteht unbestritten, aber ihr Naturbegriff bedarf der genaueren inhaltlichen Abgrenzung. Streng genommen ist die abwechslungsreiche Szenerie, die sich in der skizzierten Sonntagslandschaft darbietet, gewiss keine Natur im Sinne primärer, unberührter, vom Menschen unbeeinflusster Räume. Fast alle benannten Flächenstücke erweisen sich bei näherer Betrachtung als Ersatzlösungen – sie sind das Ergebnis einer jahrtausendelangen und durchwegs kämpferischen Auseinandersetzung des Menschen mit der vorgefundenen Wildnis. Auch wenn Sonnenschein und stahlblauer Himmel in vielversprechendes Grün und sprichwörtlich „hinaus in die Natur" locken, erweist sich das bunte Flecken- und Flächenwerk draußen überwiegend als Naturersatz aus Menschenhand. Seit der jüngeren Altsteinzeit richtete sich der Mensch in der Naturlandschaft ein. Über rund 10 000 Jahre hinweg entstand so eine recht vielschichtige Kulturlandschaft.

Naturnahes Kulturlandschaftselement Flurhecke

Unbeeinflusste, unveränderte Natur aus erster Hand gibt es demnach nicht mehr. Selbst kleine, eingestreute Lebensraumflecken von annähernd natürlicher Beschaffenheit, wie Moore oder Seen, sind rundum von Kulturland umgeben und daher unvermeidlich seinen Beeinträchtigungen ausgesetzt.

So nahm die Landschaft mit dem Auflichten oder Entfernen der ursprünglichen Wälder gleichsam ihre zweite Natur an – die ehemaligen Waldstandorte waren schrittweise, unaufhaltsam und auch unumkehrbar in das kulturlandschaftliche Flächenwerk der Siedlungs-, Acker- und Verkehrsflächen umgewandelt worden.

Anreichernde Flächenvielfalt

Landschaftsökologisch betrachtet setzte mit der Zurückdrängung des Waldes durch agrikulturelle Flächensysteme eine folgenreiche Entwicklung ein. Sie schuf paradoxerweise erst die (kultur)landschaftliche Vielfalt, die wir

Wildkrautflur (Archäophyten in Getreidefeld)

heute so gerne als vielgliedriges, höchst lebendiges und betont erlebenswertes Gefüge schätzen. Mit dem auflockernden Wandel des ursprünglichen Waldlandes hielten nämlich völlig neue, bisher so nicht vorhandene Lebensraumtypen Einzug in die Landschaft: An die Stelle von Natur (das heißt dem Wald als Primärbiotop) setzte der siedelnde, rodende und ackernde Mensch mit der frühesten im Gebiet nachweisbaren bäuerlichen Kultur (Linienbandkeramik, etwa ab 4500 v. Chr.) die Sekundärbiotope seiner Kulturlandschaft und schuf damit ein mosaikartiges Flächengefüge von gänzlich andersartigem ökosystemaren Aufbau. Die weitere Entwicklung der Pflanzendecke war seither nicht mehr allein von Klimaentwicklung und Spontanzuwanderung abhängig, sondern in zunehmendem Maße von den lenkenden Eingriffen des Menschen.

Im Unterschied zur eher gleichförmigen und waldbetonten Naturlandschaft weisen die abwechslungsreichen anthropogenen Sekundärbiotope des Kulturlandes durchwegs neue Artenensembles auf.

Überwiegend spontan wanderten nun Arten aus den von Natur aus waldfreien Räumen Südeuropas und Vorderasiens in die neuen Lebensraumtypen nördlich der Alpen ein oder wurden hierher verschleppt. Beispiele aus der Tierwelt sind vor allem solche Arten, die bezeichnenderweise die Namensbestandteile „Feld-" oder „Haus-" tragen, darunter Feldgrille, Feld- und Haussperling, Feldhamster oder Feld- und Hausmaus. Beispiele aus der Pflanzenwelt sind die als Archäophyten bezeichneten Arten wie Kamille, Kornblume oder Klatsch-Mohn, die zu typischen Begleitkräutern der Getreideäcker wurden.

Hummel-Ragwurz (*Ophrys holosericea*) als Beispiel einer Eifeler Kulturlandschaftsorchidee

Gegenüber dem Ausgangsbestand der ehemaligen Waldstandorte verzehnfachten sich die Artenaufkommen der Kulturlandschaft. Waldinseln oder andere Reste von Natur „aus erster Hand" sind in der Kulturlandschaft jetzt nur noch ein Bestandteil neben vielen. Oder mit einem modernen Begriff ausgedrückt: Gegenüber der Naturlandschaft hat die Biodiversität in der unter der Hand des Menschen entwickelten Kulturlandschaft beträchtlich zugenommen. Viele heute als wertvolle „Natur"-Schutzgebiete gesicherte Flächen sind tatsächlich Kulturlandschaftselemente. Die Eifeler Orchideenbestände gehören ebenso dazu wie die spektakulär blühenden Narzissenwiesen in der Umrandung des Hohen Venns.

Narzissenwiese bei Monschau

Narzissen aus dem Perlenbachtal

Warme Insel im kühlen Westen

Im mittleren Ahrtal trifft man auf inselartig vorkommende Pflanzenge-
sellschaften, welche die Bonner Pflanzengeografin Käthe Kümmel in ihrer
vor über 50 Jahren erschienenen Gebietsmonographie nach dem typischen
Erscheinungsbild als „Felsheide" oder „Felsgebüsch" bezeichnet. Heute fasst
man diese aus wärmeliebenden und trockenheitsverträglichen Arten zu-
sammengesetzten Formationen als Xerotherm-Vegetation zusammen. Mit
ihrem hohen Anteil an Pflanzenarten aus den süd(ost)europäischen Wärmegebieten stellen sie eine besondere Rarität der gesamten Region dar. In
der klimatischen Enklave des mittleren Ahrtals erreichen viele Arten sogar
ihre nördliche beziehungsweise nordwestliche Verbreitungsgrenze in Europa.
Exakt diesen für die regionale Pflanzenwelt so bezeichnenden Sachverhalt
hat hier erstmals der Remagener Lehrer Philipp Wirtgen um 1837 mit seiner
Unterscheidung südlicher und nördlicher Pflanzenarten klar erkannt. Beispiele sind Brillenschötchen, Wimper-Perlgras, Astlose Graslilie, Gemeine
Pechnelke und Gold-Aster.

Waldland Eifel

Der Kamerablick aus dem erdnahen Weltraum auf die Eifel zeigt es deutlich: Ein beträchtlicher Teil ist heute noch oder bereits wieder Waldland.
Während im niederrheinischen Tiefland mit seinen enorm fruchtbaren
Lössböden schon seit Jahrhunderten die Ackerfluren das Landschaftsbild
beherrschen und geschlossene Waldvorkommen heute kaum noch bestehen, trägt das angrenzende Rheinische Schiefergebirge zum Teil wirt-
schaftsgeschichtlich bedingt, zum Teil auch vom natürlichen Relief vorge-
geben, noch oder bereits wieder flächendeckende Wälder oder zumindest
Forste. Der Westerwald als rechtsrheinischer Nachbar der Eifel erhielt
danach seinen Namen. Auch die Eifel gehört zu den waldreichsten Gebieten
in Deutschland. Beträgt der Wald- beziehungsweise Forstflächenanteil bundesweit im Mittel 29,3 %, so liegt er in einigen Teilgebieten der Eifel sogar
bei über 60 %.

Auch der Wald ist Kulturland

Angesichts der heutigen Waldbestockung drängt sich die Vermutung auf, sie
sei der verbliebene Rest eines ursprünglich wohl gänzlich flächendeckenden
Waldes, bevor hier die großen Rodungsperioden der Spätantike, der Völker-

Wald als Kulturlandschaft: Beispiel Hochwald

wanderungszeit oder des Mittelalters größere Lücken und Offenlandinseln für Siedlung und Landwirtschaft schufen. Tatsächlich ist das gegenwärtige Waldbild auch im Eifelraum überwiegend das Ergebnis einer umfangreichen forstlichen Wiederbegründung von Gehölzen und Waldstücken. Noch zu Beginn des 19. Jahrhunderts war der wirtschaftliche und ökologische Niedergang der Eifelwälder nahezu besiegelt. Intensive, oftmals unbekümmerte und meist sogar ziemlich rücksichtslose Nutzung auf dem Hintergrund wirtschaftlicher Not hatten die natürlichen Waldvorkommen nahezu zerstört. Erst mit der Einrichtung preußischer Forstverwaltungen nach dem Wiener Kongress (1815) begann die planmäßige, auf Nachhaltigkeit bedachte Wiedereinrichtung von Forsten und Waldflächen. Die Wiederbestockung von Brachflächen mit Forstgehölzen hat dem Wald zwar größere Gebietsanteile zurückgewonnen, ihn aber nicht mehr flächendeckend in seiner ursprünglichen Artenzusammensetzung entwickeln können.

Fichtenparzelle aus der Hocheifel

Typisch wäre für die meisten waldgeeigneten Standorten der Eifeler Schiefergebirgslandschaft boden- und höhenabhängig ein artenreicher
Flattergras-Hainsimsen-Buchenwald oder ein Perlgras-Buchenwald. Die
Rot-Buche wäre in jedem Fall die den Gesamtaspekt bestimmende Laub-
holzart. Ihr Anteil ist heute zu Gunsten der Nadelhölzer stark zurückge-
gangen. Seit etwa 1815 wurden auf den ausgemagerten Böden in den Auf-
forstungsflächen alternativlos vor allem Fichten beziehungsweise Wald-
und Schwarz-Kiefern angepflanzt, später auch Europäische und Japanische
Lärchen sowie Douglasien. Im heutigen Artensortiment finden sich damit
also Gehölzarten aus Südeuropa ebenso wie solche aus Nordamerika oder
sogar aus Ostasien. Obwohl Nadelhölzer – mit Ausnahme von Wacholder – auf den Schiefergebirgshöhen von Natur aus nicht heimisch sind,
nehmen sie in den modernen Forsten zusammen etwa 45 % Massen- beziehungsweise Flächenanteil ein. Nahezu zwei Drittel der Nadelforsten stellt
allein die nur in den höchsten Mittelgebirgslagen (zum Beispiel Harz) und
in der subarktisch-subalpinen Stufe der Hochgebirge beheimatete Fichte,
von schlichten Gemütern inner- und außerhalb der Eifel meist einfach
„Tanne" genannt.

Wald als Kulturlandschaft: Beispiel Buchenniederwald

Reste früherer Nutzungsformen

In den heutigen Forsten und Waldstücken der Eifel sind oft die Spuren ehemaliger Waldbewirtschaftung erkennbar, vor allem der Niederwaldwirtschaft. Sie nutzt den Holzvorrat eines Waldstücks in erster Linie als Brennholz und ist nur mit Laubholzarten möglich, weil Nadelhölzer keine Stockausschläge entwickeln. Wo örtliche Glaswerkstätten bestanden, gewann man durch Verbrennen von Buchenholz die als Rohstoff für die Glasschmelze begehrte Pottasche – bei nur etwa 0,3 % Aschegehalt in der Holztrockensubstanz kann man sich den gigantischen Holzverbrauch pro Tonne Glasproduktion leicht ausrechnen. Bis in das 19. Jahrhundert hinein bestanden überall in den Waldgebieten der Eifel kleine Pottasche-Siedereien.

Eine andere alte Form der Niederwaldnutzung wird nur noch museal im Rheinischen Freilichtmuseum in Kommern auf ein paar Parzellen betrieben und besteht aus einer Acker-Wald-Wechselwirtschaft. An der Mosel nannte man diesen Nutzungszyklus Rottlandbetrieb, in der Eifel sprach man von Schiffelwirtschaft (vgl. S. 108).

Lohschläge und Ramholzparzellen

Eine wichtige Variante der Niederwaldwirtschaft war der Eichenschälwald mit dem wichtigsten Produkt Eichenrinde, die in Lohmühlen zu Gerberlohe vermahlen und anschließend in der Ledergerberei verwendet wurde. In der Rinde junger Eichen ist der Gehalt an Gerbstoffen am höchsten. Stockausschläge der heimischen Eichen-Arten, vor allem der am weitesten verbreiteten Stiel-Eiche, lieferten eine hochwertige Eichenlohe. Die Eichenschälwirtschaft ging erst nach 1880 zurück, als man aus Überseegebieten preiswertere Gerbstoffe einführte.

Charakteristisch für rheinische Teilgebiete ist auch die Ramholz-Wirtschaft. Dabei schnitt man bestimmte Laubholzarten wie Hainbuche oder Rot-Buche regelmäßig zurück und nutzte die aufwachsenden, 5–7 cm starken Stockausschläge als Bohnenstangen oder Weinbergspfähle (mundartlich Ram, wohl zurückgehend auf das lateinische *ramus* = Ast oder Stecken). Nebenbei ließ sich durch Schneiteln der Seitenzweige auch noch Viehfutter oder Stalleinstreu gewinnen. Heutige Weinbergspfähle sind junge Fichtenstämme aus forstlichen Monokulturen. Schneitelwirtschaft ist noch an einzelnen markanten Baumgestalten im Monschauer Heckenland ablesbar.

Wacholder- und Zwergstrauchheiden

Bis weit in das 20. Jahrhundert hinein war die Schafhaltung einer der wichtigsten Erwerbszweige in den Eifeler Hochlagen. Schafherden zogen über die Hänge und verhinderten durch ständigen Verbiss, dass sich hier über Samenanflug Strauch- oder Baumgehölze ansiedeln konnten. Den Besenginster mit seinen zähledrigen Rutenästen verschmähten selbst die hungrigsten Weidetiere und verhalfen ihm damit zu ungeahnten Verbreitungserfolgen.

Auch der Wacholder ist weitgehend verbissfest und hielt damit dem Beweidungsdruck stand. Seine scharfspitzigen, im Dreierwirtel angeordneten Nadelblätter führt der Eifelverein in seinem Emblem. Wo die Schafherden nachhaltig die Verbuschung von Weideflächen verhinderten, konnte sich der lichthungrige Wacholder ausbreiten und prächtige Wacholderheiden aufbauen. Im heutigen Bewuchsbild fehlt dieses ausgesprochen nützliche und interessante Nadelholz. Aber zwischen Daun und Manderscheid oder mehrfach auch in der Umrandung des Hohe-Acht-Berglandes blieben durch gezielte Pflegemaßnahmen eindrucksvolle Wacholderbestände als wirtschaftsgeschichtliche Zeugnisse erhalten.

Schafbeweidung im Wacholderschutzgebiet bei Alendorf

Wacholder im Dr.-Heinrich-Menke-Park (Hocheifel)

Oft lief die degradierende Waldnutzung aus klimatischen Gründen oder wegen der besonderen Bodenbedingungen auch auf die Entwicklung ausgedehnter Zwergstrauchheiden hinaus. Gewöhnlich bestanden diese nutzungsbedingt entstandenen Heideflächen aus Besenheide. Für deren flächendeckendes Farbspektakel sind zeitgenössische Landschaftsbeschreibungen ein ebenso authentisches Zeugnis wie zahlreiche Arbeiten aus der Düsseldorfer Malschule, wofür das Werk Fritz von Willes stellvertretend zitiert sei.

… und wieder zurück zur Natur

Seit 2004 existiert in der Nordwesteifel mit dem Nationalpark Eifel die einzige nordrhein-westfälische Einrichtung dieses Typs – als Ergebnis einer bemerkenswerten und, gemessen an der sonstigen Schwerfälligkeit der Gebietskörperschaften, geradezu spontanen Konversion: Die belgischen Streitkräfte hatten kurz zuvor ihr jahrzehntelang beanspruchtes Übungsgelände rund um die Ordensburg Vogelsang (vgl. S. 154) aufgegeben. Der

Waldbild Nationalpark Eifel

mit wenig mehr als 100 km² Fläche eher kleine Nationalpark spielt im Selbstverständnis
der Region allerdings eine bedeutende Rolle.
Erstmals stehen hier Relikte naturnaher Bu-
chenwälder auf nährstoffarmen und sauer
verwitternden Schieferböden unter Schutz.

Etwa 75 % der Nationalparkgesamtfläche
werden sich künftig ohne den direkten Einfluss des Menschen und damit auch ohne jeg-
lichen forstwirtschaftlichen Rigorismus oder
jagdliche Pseudorituale zu echten Natur-
schaustücken fortentwickeln können. Flora
und Fauna atmen schon jetzt spürbar auf. Die
Wildkatze konnte wieder eine stabile Popu-
lation etablieren. Der Biber ist gerade dabei,
wieder heimisch zu werden, und vermutlich
wird hier auch der Luchs eine neue Heimat
finden. Das reichhaltige Informations- und
Aktionsangebot der Nationalparkverwaltung
ist verführerisch.

Wildkatze (Jungtier) im Nationalpark Eifel

Strukturreiche Kulturlandschaft Eifel: Umlaufberg Mayschoß

3 Eifel-Siedler

Wie alles anfing

Die Altsteinzeit umfasst den gesamten kulturellen Aufstieg des Menschen von seinem ersten Auftreten in Europa (und auch in der Eifel) bis zum Ende der vorerst letzten Eiszeit. Was man über diesen langen Abschnitt regionalbezogener Kulturgeschichte weiß, ist das ausschließliche Ergebnis der archäologischen Forschung. Angesichts der zwar spärlichen, aber immerhin bis in das Frühquartär zurückreichenden Funddokumentation bleibt das Bild von der Anwesenheit des Menschen in der Eifel notwendigerweise etwas diffus. Nur selten wurden seine Spuren systematisch ergraben wie im Fall der berühmten Höhlen im Kartstein-Travertin bei Mechernich-Weyer, der auch mittelpaläolithisches Fundmaterial ergab, oder des spätpaläolithischen Fundplatzes Katzensteine bei Mechernich-Firmenich.

Überwiegend fanden sich die Spuren früher menschlicher Siedlungstätigkeit erst

Kartsteinhöhle bei Mechernich

◄ Der römische Gutshof „Silberbergvilla" in Ahrweiler

Oben links: Wolfschlucht im Ferschweiler Plateau. Oben rechts: Buntsandsteinfelsen in der Nordwesteifel. Unten: Vorhistorisches Siedelland Maifeld mit Karmelenberg

Schädelkalotte des Ochtendunger Neandertalers

im Zusammenhang mit der flächigen Ausbeutung vulkanischer Lockermaterialien in der Osteifel sowie im Mittelrheinischen Becken. Ein außerordentlicher Glücksfall für die Archäologie waren hier die eiszeitlichen Kratermuldenfüllungen: In den aus dem vorletzten Glazial stammenden Muldenablagerungen einer der Vulkankuppen der Wannenköpfe bei Ochtendung fand sich 1997 die Schädelkalotte eines Neandertalers.

Das umfängliche und zum Teil spektakuläre Fundgut aus Grabungen in und unter den Vulkaniten der Osteifel zeigt das Museum für die Archäologie des Eiszeitalters in Neuwied-Monrepos, das eine Nebenstelle des Römisch-Germanischen Zentralmuseums Mainz ist. Glanzstücke sind unter anderem die auf unterdevonischen Schiefer geritzten figürlichen Darstellungen (unter anderem einer Robbe!), die magdalénienzeitliche Jägergruppen hinterlassen haben.

Aussichtsreich für die künftige Forschung, die sich nicht mehr nur auf zufällige Befunde stützen möchte, ist ein Laserscan-Verfahren, das Waldbodenoberflächen ohne Vegetation sichtbar machen kann. Diese Methode verspricht eine neue Grundlage für vertiefte archäologische Prospektionen und Rekonstruktionen vor- und frühgeschichtlicher Kulturlandschaften.

Szenen aus der Hunsrück-Eifel-Kultur

Während im Eifelraum nur relativ wenige bronzezeitliche Fundplätze bekannt sind, tritt anhand von 29 Urnengräbern mit der Laufelder Kultur des 7. vorchristlichen Jahrhunderts der erste archäologisch fassbare eisenzeitliche Horizont in den Blick, benannt nach einem Dorf bei Manderscheid in der westlichen Vulkaneifel. Aus der Laufelder Kultur geht im 6. Jahrhundert v. Chr. die keltisch geprägte Hunsrück-Eifel-Kultur (HEK) als regional gut abgrenzbare Kultur mit den beiden Hauptepochen Hallstatt (ca. 750 bis 475 v. Chr.) und Latène (ca. 475 bis 20 v. Chr.) mit umfangreicherem Fundgut hervor. Der Begriff Hunsrück-Eifel-Kultur etablierte sich in den 1920er-Jahren aufgrund der vielen Hügelgräber, Keramikfunde und Beigaben der Gräber, die in der Region gefunden wurden. Sie zeigt sich auch in der südlichen Eifel als homogene Kultur – die Ringwallanlage vom Barsberg sowie das Hügelgräberfeld mit 80 Hügelgräbern und Prunkgrab von Hillesheim sind ihre nördlichsten Fundplätze.

Das reichlich vorhandene Eisenerz und die verbesserten Verhüttungs- und Verarbeitungsmethoden ließen die Herstellung hochwertiger und bemerkenswert effektiver Arbeitsgeräte für Rodungsarbeiten und die Landwirtschaft zu. Während der HEK setzte sich auch die Körperbestattung durch, obwohl die Brandbestattung nie ganz aufgegeben wurde. Im Verlauf

Rekonstruktionszeichnung keltisch-römischer Hügelgräber

Gesamtanlage des Golorings mit den kreisrund angelegten Wall- und Grabensystemen

des 4. vorchristlichen Jahrhunderts dominierte dann bis um 250 v. Chr. wiederum die Brandbestattung.

Außer frühen Burgen traten erstmals auch Prunkgräber in Erscheinung – mit Hügeln von 8–20 m Durchmesser und fallweise sogar bis zu 50 m übererdet. Ihre Hochphase lag im 5. und 4. Jahrhundert v. Chr. Ein bedeutendes Heiligtum der HEK findet sich unmittelbar an der A48 im Bereich der Ausfahrt Ochtendung/L52: Der Goloring hat einen Gesamtdurchmesser von etwa 190 m und ist von mehr als 100 Hügelgräbern umgeben. Die Anlage ist mit einem kreisförmigen Wall und Graben abgegrenzt. Sie war über mindestens vier Jahrhunderte besiedelt.

Bevor die Römer kamen

Nach 400 v. Chr. entstanden die keltischen Ringwallanlagen in der Eifel. Die vulkanischen Bergkuppen waren überaus geeignete Standorte. Die Ringwälle auf dem Barsberg bei Bongard, Hochkelberg, Kastellberg bei Horperath, Höchstberg bei Ulmen sowie Kasselt bei Wallendorf im Bitburger Land sind aus Basalt errichtet worden. An die Ringwallanlagen schlossen sich die landwirtschaftlichen Nutzflächen an. Die damalige Kulturlandschaft in der unmittelbaren Umgebung der Ringwallanlagen war weitgehend waldfrei, sodass es Blickkontakte gab und man sich vermutlich mit Rauchzeichen verständigen konnte.

Die Kelten haben keine schriftlichen Überlieferungen hinterlassen. Eine wichtige Quelle bilden deshalb die Texte griechischer und römischer Historiker. Erst mit der römischen Eroberung um 50 v. Chr. gibt es erste schriftliche Quellen in lateinischer Sprache. So berichtete Caesar von zentralen Orten oder Oppida innerhalb des hauptsächlich von Einzelgehöften geprägten Siedlungsgefüges, die als wirtschaftliche, politische und religiöse Zentren der keltischen Stämme zu betrachten sind. Auf dem Martberg bei Pommern an der Mosel am südlichen Eifelrand befand sich ein solches Oppidum als Zentrum der östlichen Treverer. Die Römer bauten den Martberg später zu einem Tempelbezirk aus. Mit der Ankunft der Römer ging die eigenständige eisenzeitliche Kultur in der Eifel zu Ende.

Die römische Eifel

Die Versorgung der Bevölkerung in den damaligen römischen Großstädten Augusta Treverorum (Trier) und Colonia Claudia Ara Agrippinensium (CCAA, Köln) sowie in den anderen Standorten des römischen Militärs musste über die Eigenversorgung hinaus organisiert werden. Nahezu ein Drittel der römischen Heeresmacht war zwischen Mainz und dem Niederrhein in Kastellen und Legionslagern stationiert. Zusätzlich entstand ein dichtes Netz landwirtschaftlicher Gutshöfe (villae rusticae). Für die Sicherung der Versorgung bauten die Römer auch eine funktionsfähige Infrastruktur mit Fernstraßen auf. Der Rhein diente als wichtige Transportverbindung für Rohstoffe und Handelsgüter sowie für Truppenbewegungen. Deswegen befanden sich alle großen Legionslager in Rheinnähe.

Das damals vorherrschende landwirtschaftliche Feld-/Gras-Bewirtschaftungssystem ist nicht mit den heutigen Ackerbaumethoden zu vergleichen. Eine kontinuierliche Bewirtschaftung der Nutzflächen ohne Brachphase war noch nicht möglich. Deswegen gab es einen sehr hohen Flächenbedarf. Somit wurden die vorhandenen Waldflächen in den besiedelten Regionen weitgehend gerodet.

Die aus der römischen Antike überlieferten Texte von Varro und Columella, Plinius dem Älteren und Palladius zu den damals üblichen Anbaumethoden beziehen sich immer auf den Mittelmeerraum mit seinen gänzlich anderen Rahmenbedingungen. Für Nordwesteuropa gibt es lediglich einige bildliche Darstellungen auf Grabsteinen sowie auf wenigen Reliefs und Mosaiken. Die meisten Informationen stammen von archäologischen Untersuchungen. Wie in der Eisenzeit arbeitete man mit Hacke, Harke, Spaten, Rechen und Heugabel. Die Egge war wahrscheinlich eine römische Erfindung und stellte eine enorme Arbeitserleichterung dar. Wichtigstes Arbeitsgerät war der Hakenpflug ohne Räder mit einem Sterz und einem langen Deichselbaum. Erst in der Spätantike verbreitete sich allmählich der Radvorgestellpflug, bei dem die Pflugschar hinter einer Radkonstruktion angebracht ist. Interessanterweise haben die Römer an Rhein, Ahr und Mosel auch Sonderkulturen wie Obstanbau und den Weinbau eingeführt.

Autobahnen der Antike

Bereits in den vorrömischen Perioden gab es in Gebieten mit landschaftlichen Verhältnissen gut funktionierende Wegeverbindungen für die Handelsbeziehungen, die sich später zu wichtigen Fernstraßen entwickelten. Die Römer waren jedoch die ersten systematischen Straßenbauer in der Eifel. Für die räumliche Erschließung, Verteidigung und Eroberung in nordwestlicher Richtung sowie für das staatliche Beförderungswesen bauten sie und ihre Verbündeten zahlreiche Verbindungsstraßen, deren Trassen zum Teil an vorhistorische Wegeverbindungen anknüpften.

Römischer Aquädukt bei Vussem (Rekonstruktion)

Das antike Wegenetz zeigt mancherlei Ähnlichkeit mit dem Verlauf der heutigen Bundesautobahnen, sodass man die Römerstraßen ganz unhistorisch als „Autobahnen der Antike" bezeichnen könnte. Die Trasse der heutigen Eifelautobahn A48 folgt zwischen Ulmen und Koblenz der Wasserscheide Rhein/Mosel. Das gilt auch für die Römerstraße Jünkerath-Andernach/Urmitz. Die Bundesstraßen B9, B51, B258 und B265 beziehungsweise einige ihrer Abschnitte verlaufen über die Trassen der Römerstraßen.

Entlang der Römerstraßen wurden für Kurierdienste und Postwesen alle ca. 15 km Pferdewechselstationen (mutationes) und ca. alle 40 km Raststationen (mansiones) eingerichtet. Im Umfeld stark besuchter mansiones in ländlichen Regionen entstanden oft als „vici" bezeichnete Siedlungen mit Handwerksbetrieben und Handelsniederlassungen. Mit ständigen Wechseln

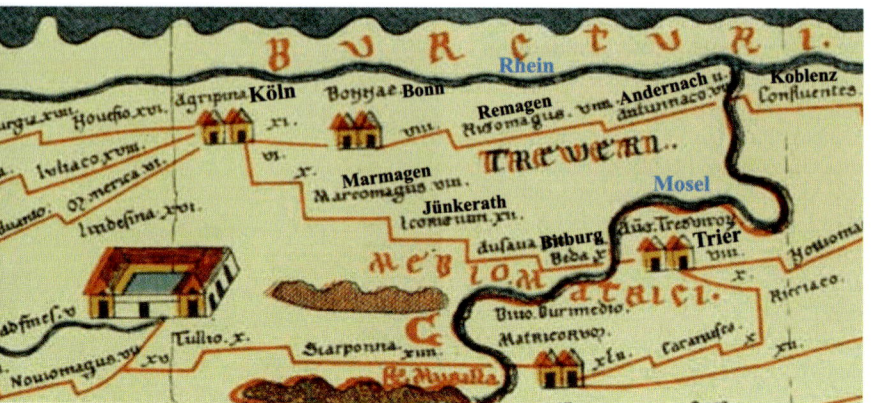

Ausschnitt der römischen „Straßenkarte" (Grundlage: *Tabula Peutingeriana*)

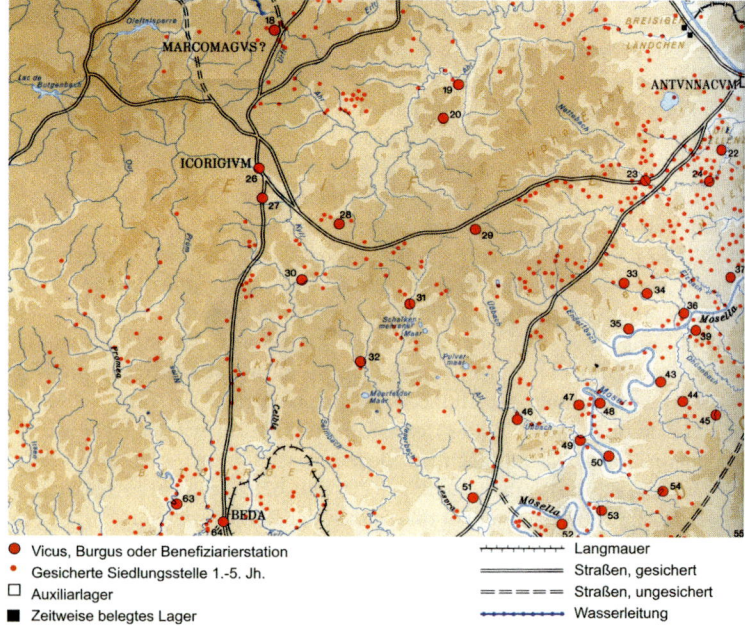

- 🔴 Vicus, Burgus oder Benefiziarierstation
- • Gesicherte Siedlungsstelle 1.-5. Jh.
- ☐ Auxiliarlager
- ■ Zeitweise belegtes Lager

- Langmauer
- ─── Straßen, gesichert
- = = = Straßen, ungesichert
- ✦──✦── Wasserleitung

Römerstraßen und römische Besiedlung (1789)

von Pferden konnte man damals etwa 30–40 km pro Tag zurücklegen. Meilensteine gaben die Entfernung zum nächsten größeren Ort in „Leugen" von etwa 2,2 km an.

Man schätzt die Gesamtlänge des römischen Straßennetzes auf etwa 80 000 km. Die antiken Straßen zeigt eine im 12./13. Jahrhundert unter dem Namen *Tabula Peutingeriana* erstellte Kopie der römischen Straßenkarte, deren Original auf das Jahr 230 n. Chr. zurückgeht. Diese Karte mutet sehr modern an, denn sie ähnelt heutigen S-Bahnplänen mit idealisierten Verbindungslinien: Trier wurde mit einer Höhenstraße über Bitburg, Jünkerath, Marmagen, und Euskirchen, die bei Wesseling die Straße Köln–Bonn–Koblenz–Mainz erreichte, mit dem damals schon bedeutenden Köln-Bonner Raum verbunden. Zwischen Jünkerath und Marmagen zweigte die Straße über Blankenheim und Rheinbach nach Bonn ab.

Eiflia sacra – die Eifel wird christlich

Das Christentum hatte bereits vor Konstantin dem Großen (306–337 n. Chr.) in Trier (Colonia Augusta Treverorum) Fuß gefasst: In der zweiten Hälfte des 3. Jahrhunderts n. Chr. wurde Trier zum Bistum mit Eucharius als erstem Bischof. Unter Konstantin endeten 312 die Christenverfolgungen – im römischen Reich gewährte man jetzt Religionsfreiheit und erhob das Christentum sogar zur Staatsreligion. Damit begann die überaus wechselvolle und spannungsreiche Verbindung von Kirche und Staat, die nach nur kurzer Unterbrechung im merowingischen Reich wiederhergestellt wurde und danach ununterbrochen bis 1795 bestand.

Erste christliche Gemeinden gab es in Trier und Umland sowie entlang der Mosel in Neumagen, Karden, Kobern und Koblenz. Sie konnten sich dort auch nach der Eroberung durch die germanischen Franken halten. Nach der (Re-)Christianisierung unter den Merowingern im 7. Jahrhundert wurde das Christentum im karolingischen Reich zur Staatsreligion. Unter Karl dem Großen entstand ein hierarchisch gegliedertes System von Erzbistümern, Bistümern, Archidekanaten, Dekanaten und Pfarreien mit ihren Filialen – eine auch für die nachfolgende Kulturlandschaftsentwicklung wichtige Entwicklung. Karl der Große brachte buchstäblich die Kirche ins Dorf: Die Kapitularien regelten nämlich auch die Zugehörigkeit zu einem bestimmten Pfarrsprengel.

Die Verbindung von Kirche und Staat bedeutete Macht, Organisation und Einfluss. Sie hat die Eifel über viele Jahrhunderte hinweg nachhaltig geprägt. Die schon früh eingerichteten Bistümer Köln, Trier und Lüttich entwickelten sich zu bedeutenden Territorialmächten. Die Klöster Malmedy und Stavelot

Kuppenkirche Hilcherath, St.-Hubertus-Pfarrkirche von Beinhausen (VG Kelberg) auf einer Bergkuppe südlich des Ortes

wurden gemeinschaftlich zur Reichsabtei erhoben, und Prüm erhielt 1222 sogar den Status eines Fürstentums.

Klosterlandschaft Eifel

Klöster haben in der Eifel, mit einer Unterbrechung im 19. Jahrhundert, eine lange Tradition und die Entwicklung der Region nachhaltig beeinflusst. Die ältesten Eifelklöster gehören alle dem Benediktinerorden an und sind Gründungen des 7. und 8. Jahrhunderts. Sie hatten in der frühmittelalterlichen Gesellschaft eine ordnende und stabilisierende Funktion im Umbruch zwischen dem römischen und dem merowingischen Kaiserreich. Benedikts Ordensregeln waren insofern auch eine hilfreiche Antwort auf die sich auflösende spätantike Gesellschaft.

Das älteste Kloster der Region ist die 650 gegründete Benediktinerabtei Malmedy im Westen der Eifel. Nach 1138 wurde sie mit der 648 gegründeten Benediktinerabtei Stablo (Stavelot) in den östlichen Ardennen zur Reichsabtei – einer reichsunmittelbaren Herrschaft unter einem Fürstabt – erhoben und bestand bis 1796. Danach folgten die Gründungen Echternach 698 durch Willibrord und Prüm 721 durch Bertrada der Älteren, der

Konventsgebäude und ehemalige Abteikirche St. Salvator der Abtei Prüm

Urgroßmutter von Karl dem Großen und 814 Kornelimünster von Benedikt von Aniane (750-821). 109 Jahre nach der Gründung von Prüm entstand als Filiation von Prüm im Jahre 830 Kloster Neu-Münster an der oberen Erft, das 1086 erstmals als Münstereifel erwähnt wird. Erst 263 Jahre später, nämlich 1093, folgte als letzte Benediktinergründung die heutige Abtei Maria Laach.

Die sorgfältig ausgewählten Standorte der Klöster mussten einerseits der religiösen Stellung und der Abgeschiedenheit von der Welt (ora) gerecht werden, was optisch eine abschirmende Mauer symbolisierte. Außerdem spielten bei der Standortwahl die naturräumlichen Rahmenbedingungen und wirtschaftliche Faktoren wie das Vorkommen von Ressourcen, die Nähe zum Fließgewässer für die Wasserversorgung sowie die Anbindung an das Handelswegenetz (labora) eine wichtige Rolle. Als religiöse wie als wirtschaftliche Zentren prägten die Klöster das gesamte Umland. Diese Klosterlandschaften bestanden innerhalb der Mauer (*intra muros*) aus Kirche, Kloster- und Wirtschaftsgebäuden sowie Fischteichen und außerhalb der Mauer (*extra muros*) aus Grangien, Wassermühlen, Gewerbestätten, Steinbrüchen, Eisengruben, Steinbrüchen, Ackerland, Grünland und Wald sowie wasserbaulichen Anlagen mit Wasserleitungen, Fischteichen und Grabensystemen. In größeren Handelsstädten waren die Klöster mit Stadthöfen als Handelsniederlassungen vertreten. Sie spielten zudem eine wichtige Rolle in der Wissensvermittlung sowie im Bildungswesen (Vervielfältigung von Handschriften).

Als Fallbeispiel mag die Abtei Prüm dienen.

Nach der Gründung entwickelte sie sich äußerst dynamisch, wie das berühmte Prümer Urbar mit dem Güterverzeichnis des Abtes Regino von 893 eindrucksvoll belegt: Zur Abtei gehörten damals bereits 1543 Höfe und 50 000 Morgen Land. Insofern ist das Prümer Urbar eine unschätzbare Quelle für die Erforschung der Siedlungsgeschichte der Eifel und benachbarter Regionen. Für die Verwaltung des weitläufigen Besitzes hatte die Abtei Prüm Klosterzellen beziehungsweise Filialklöster als Tochtergründungen eingerichtet: Revin in Frankreich (762), Kesseling (762), Altrip (762), das Tochterkloster Münstereifel (830) sowie Güsten (870) bei Jülich.

Das Prümer Urbar (Güterverzeichnis) von 893

Zisterzienser in der Eifel

Die Zisterzienser sind in der Eifel mit den beiden Klöstern Himmerod (1134–1136) und Mariawald (1480–1486) vertreten. Ihr Orden hat sich 1089 vom Benediktinerorden abgespalten. Namensgeber ist das Ursprungskloster

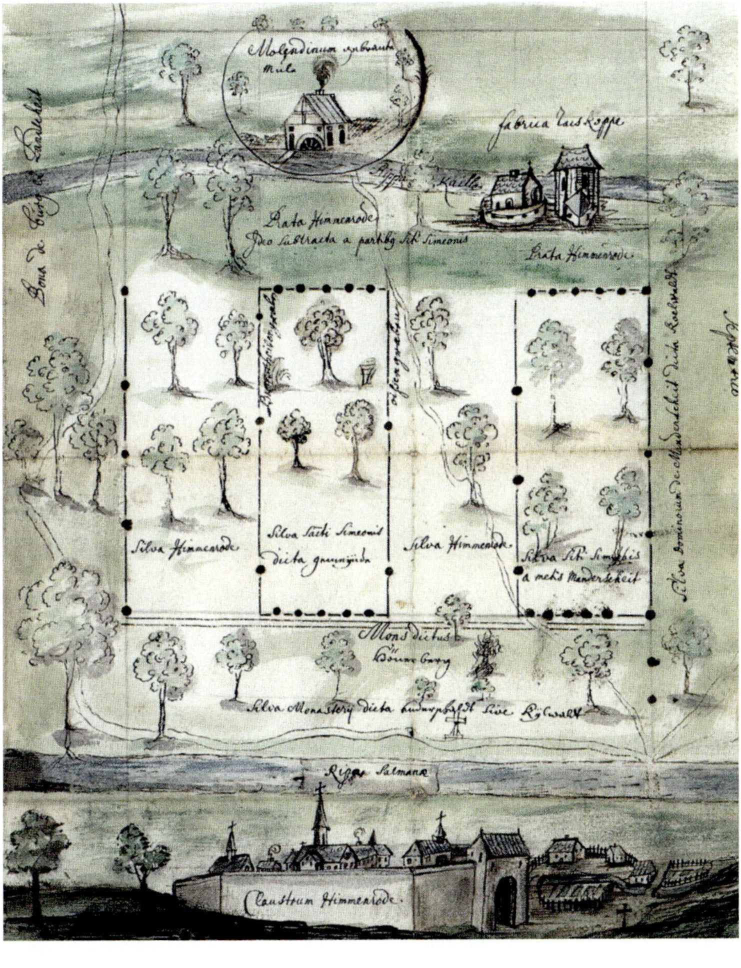

Flurkarte von Himmerod aus dem späten 17. Jahrhundert

Kloster Himmerod: Ruine der Abteikirche als romantisches Ausflugsziel 1905, das Kloster Himmerod während der Wiederaufbauphase 1927 und heutige Situation aus der Luft

Cîteaux, gegründet 1098 von Robert von Molesme. Alle Zisterzienserklöster wurden nach dem gleichen Grundriss gebaut. Innerhalb des Klosters waren die Bereiche der Mönche und Laienbrüder (Konversen) auch in der Kirche streng getrennt. Die Klosterkirchen waren schlicht und hell und hatten keine Türme, sondern nur kleine Dachreiter. Auch die Mönchstracht war unterschiedlich: Das Habit der Benediktiner war schwarz, das der Zisterzienser weiß.

Himmerod wurde als 14. Filiation des 1115 gegründeten Mutterklosters Clairvaux 1134–1136 gegründet. Es befindet sich an den von Bernhard von

Clairvaux eigens ausgesuchten heutigen Standort im Salmtal und entwickelte sich zum religiösen und wirtschaftlichen Zentrum der Südeifel. Wegen seiner Ausstattung mit einem reichen Reliquienschatz war es auch ein bedeutender Wallfahrtsort. Der Besitz bestand aus Weinbaugrangien (Klosterhöfen) in Leutesdorf am Rhein, ferner an der Mittelmosel und Lieser. Neben dem Klosternahbesitz hatte Himmerod Besitztümer bei Wittlich, im Raum Koblenz-Andernach und bei Rheinbach in der Nordosteifel, woran bis heute der Himmeroder Hof erinnert.

Bis 1480 war Himmerod das einzige Zisterzienserkloster in der Eifel. Erst 1486 wurde fast 200 Jahre nach der Hochphase der zisterziensischen Expansion in Europa auf einer Anhöhe des Kermeters bei Heimbach das Zisterzienser- und heutige Trappistenkloster Mariawald gegründet. Diese Gründung erfolgte nicht nach dem sonst praktizierten Schema des Zisterzienserordens, sondern an einer Pilgerstätte auf einem dem Orden geschenkten Grundstück. Ferner verzeichnet die Klosterlandschaft Eifel weitere Orden mit Männern- und Frauenklöstern, darunter Steinfeld 1126, Reichenstein 1136, Springiersbach 1102, Maria Martenthal bei Kaisersesch 1142, Niederehe bei Hillesheim 1175 und das Augustinerkloster Hillesheim um 1300.

Aufhebung, Ende und Wiederbelebung

Mit der französischen Übernahme der Verwaltung am Ende des 18. Jahrhunderts wurden alle Klöster säkularisiert und ihre Grundherrschaften aufgehoben. Die nun überflüssig gewordenen Kirchen und Klostergebäude wurden auf Abbruch verkauft und als Steinbrüche abgetragen. Nur die Klosterkirchen von Prüm und Springiersbach konnten als Pfarrkirchen ihrer Standorte überdauern. Die Aufhebung bedeutete einen tiefen Einschnitt für das gewachsene religiöse und wirtschaftliche Gefüge – vor allem auch im Blick auf die reich ausgestatteten Bibliotheken, Kunstsammlungen und Ausstattungen der Klosterkirchen, die nun in alle Winde zerstreut wurden.

Um 1890 setzte eine bemerkenswerte Trendwende ein: Verschiedene Orden erwirkten bei der nunmehr preußischen Obrigkeit die Genehmigung, ehemalige Klöster nach Ankauf wieder zu besiedeln, so beispielsweise auch Maria Laach. Der Domänenbesitz blieb nach 1802 unzerstört und wurde 1820 mit See und Ländereien verkauft. 1863 erwarb die deutsche Jesuitenprovinz die ehemalige Abtei und errichtete dort das *Collegium Maximum*, das allerdings 1872 im Rahmen des Kulturkampfes geschlossen wurde. Nach 20 Jahren zogen Benediktinermönche aus Beuron ein. Am 15.10.1893 wurde das Kloster unter dem Namen Maria Laach (*Santa Maria ad Lacum*) erneut konsekriert.

Die Abtei Himmerod wurde eigenartigerweise durch die ehemalige Tochterabtei Marienstatt erst 1922 neu gegründet. Die zerstörte und fast komplett abgetragene Barockkirche konnte erst 1962 fertiggestellt werden. Seither hat sich Himmerod wieder zu einem bedeutenden religiösen und kulturellen Zentrum mit vielfältigem Angebot entwickelt. Im direkten Umfeld des Klosters sind viele thematische und kulturelle Routen vorhanden.

Auch an einigen weiteren Eifelorten haben die Klöster ihren Platz in der Kulturlandschaft wiedergefunden. Sie müssen heute unter veränderten Umständen wirtschaften, da der alte Besitzstand mit den tradierten Einnahmen nicht mehr vorhanden ist. Existenz und Fortbestand der Klöster basieren auf eigenen wirtschaftliche Aktivitäten wie Landwirtschaft, Gewerbe, Gastronomie- und Hotelbetrieb oder Buchhandlungen. Dennoch sind die Aussichten für die Klöster schwierig, denn es treten kaum noch junge Menschen den Orden bei. Deswegen musste das Kloster Helgoland bei Mayen 2010 schließen.

Klöster haben noch immer ihren Platz. Dies belegen die zahlreichen Besucher mit ihren unterschiedlichen Motivationen. Klöster regen zum

Die heutige Fraukirche (Thür) wurde zu Beginn des 13. Jh. auf den Fundamenten einer fränkischen Saalkirche des 8. Jh. errichtet, von der heute noch das Mittelschiff und der Chor erhalten sind.

Nachdenken an – ein besonderes Erlebnis der stillen Art an solchen schö-
nen Orten der Eifel. Immer noch dienen die Türme der Kloster- und auch
der Pfarrkirchen als Landmarken für die Orientierung der dort wohnenden
Menschen und Reisenden in der Landschaft. Sie waren einfach wichtig für
den gesamten Tagesrhythmus.

Votiv- und Wallfahrtskapellen

Kapellen befinden sich sowohl in Dörfern als auch in den Gemarkungen und
in den Wäldern. Bei der Entstehungsgeschichte der Kapellen außerhalb der
Siedlungen liegen vor allem Heilungen, Gebetserhörungen, besondere Ereignisse und Dankbarkeitsbezeugungen dem jeweiligen Bau zu Grunde.

Beispiele sind überall in der Eifel anzutreffen – beispielsweise die vermutlich aus dem 17. Jahrhundert stammende Schwarzenberg-Kapelle im
Wald nordöstlich von Kelberg. Aus Dankbarkeit nach Überwindung der Pest
wurde die spätgotische Kapelle 1719 erweitert. Sie beherbergt eine Pietà,
deren Heilkraft überzeugte, wie die alten Krücken und Votivtafeln im Innern
der Kapelle zeigen.

Ein jüngeres Beispiel ist die auf ovalem Grundriss errichtete Votivkapelle
Wahlhausen. 560 m hoch und weithin sichtbar auf einer Höhe nordöstlich
von Steffeln gelegen. Bauanlass war ein Gelübde der Einwohner von Steffeln:
Man sollte Maria eine Kapelle bauen, wenn der Ort von den Kriegsauswir-
kungen verschont bliebe. Schon im Jahre 1946 wurde die Kapelle von der
Dorfgemeinschaft errichtet.

Votivkapelle Wahlhausen von 1946 in Steffeln

Eifel – auch eine Sakrallandschaft

Neben Klöstern, Kirchen und Kapellen haben sich in der Eifeler Kulturlandschaft auch andere Äußerungen des gelebten Glaubens und der Volksfrömmigkeit überliefert. Zahlreiche spezifisch katholisch geprägte Land-
schaftselemente wie Kleinstkapellen, Bildstöcke, Fußfälle, Kreuzwege und
Einzelkreuze, die mit gemeinschaftlich erlebten oder persönlichen Schicksa-
len in Verbindung stehen, verleihen der Kulturlandschaft geradezu eine persönliche Note. Die Standorte solcher sakralen Elemente waren oder sind oft
identisch mit den Ereignisorten eines Stiftungsanlasses. Sie sind daher nicht
an die Siedlungen gebunden, sondern überall in den Fluren und Wäldern
anzutreffen. Die Standorte dieser religiös geprägten Kulturlandschaftselemente spielten im alltäglichen Glaubensleben und der Volksfrömmigkeit der
Eifeleinwohner eine große Rolle als lokale Wallfahrtsstätten oder als Mar-
kierungen und Gebetstationen von Bitt-, Prozessions- und Pilgerwegen. So
findet man hoheitsrechtliche Kreuze und Devotionskreuze gleichermaßen.
Zu der ersten Gruppe gehören Markt- und Gerichtskreuze auf Marktplätzen.
Sie symbolisieren das Recht des Marktes und der Marktgerichtsbarkeit und
haben dadurch eine hoheitliche Bedeutung. An Gerichtskreuzen fand das

Die 1815 vom Schafhirten Lorenz Heintz gestifteten Fußfälle in Bodenbach, Verbandsgemeinde Kelberg

Gericht statt. Grenzkreuze markieren den konkreten Verlauf von Gerichts-, Bann-, Territorial- oder Weistumsgrenzen. Sühnekreuze wurden auf offizielle kirchliche Veranlassung von der Familie eines Mörders oder Totschlägers errichtet, um damit die Seele des Ermordeten und dessen Familie auszusöhnen. So konnte eventuell der damals praktizierten Blutrache vorgebeugt werden.

Devotionskreuze sind beispielsweise Gedächtniskreuze für gefallene Soldaten, Zivilisten und Opfer. Eine moderne Variante sind Unfallkreuze entlang der Verkehrsstraßen. Neben diesen traurigen Anlässen gibt es vielfach Dank- und Gelöbniskreuze, die Einzelpersonen aus Dankbarkeit wegen überstandener Schicksalsschläge wie Krankheit oder wegen Verschonung vor Kriegszerstörungen oder vor Seuchen und Epidemien errichten ließen.

Kirche auf dem Rückzug

Säkularisierung, Priestermangel, abnehmende Zahl der Kirchenbesucher, Kirchenaustritte, hohe Unterhaltungskosten sowie sinkende finanzielle Ausstattung brachten die katholische und auch die evangelische Kirche in

Schöpflöffelkreuz bei Hain und das 3,5 m hohe Fraubillenkreuz im Nusbaumer Hard nördlich von Bollendorf, das aus der Umarbeitung eines Menhirs entstanden ist

Die evangelische Erlöserkirche Gerolstein wurde zwischen 1907 und 1913 vom Berliner Architekten Franz Schweden geplant, der auch die Kaiser-Wilhelm-Gedächtniskirche in Berlin erbaut hat. Kaiser Wilhelm II. hat den Bau aus seinem Privatvermögen großzügig gefördert, deshalb war er bei der Einweihung am 15. Oktober 1913 anwesend.

eine Umbruchphase. Mit der Auflösung von tradierten Pfarreien, die in einer neuen Großpfarrei aufgehen, oder der Bildung von Pfarreigemeinschaften von bis zu zehn Pfarreien, zieht die Kirche sich allmählich aus dem ländlichen Raum zurück. Etliche Kirchenbauten sind bereits stillgelegt worden. Dieser Prozess wird sich in den nächsten Jahren absehbar verstärken.

Viele Kirchen, Kapellen und sakrale Kleinelemente in der Kulturlandschaft stehen unter Denkmalschutz und sind damit baulich auch für die Zukunft geschützt. Das spirituelle Wissen um diese Elemente wird jedoch weitgehend in den Hintergrund geraten, sodass das christliche Erbe ohne Kenntnisse bezüglich seiner Entstehungsgeschichten, Anlässe, Ereignisse, Standortwahl und namentlich bekannte Stifter in Zusammenhang und Bedeutung viel von seiner Aussagekraft und somit an Wertigkeit verlieren wird.

Bruder-Klaus-Kapelle von Peter Zumthor bei Mechernich-Wachendorf

Eifelburgen – sehen und gesehen werden

Mit mehr als 150 Burgen und Schlössern ist die Eifel ist ein geradezu klassisches Burgen-Land, obwohl die Burgendichte in angrenzenden Gebieten viel höher ist. Die Eifelburgen sind vor allem durch ihre Standorte auf meist hoch gelegenen Bergkuppen oder sonstwie weit sichtbaren Positionierungen in der Landschaft als Landmarken präsent. Sie haben, wie überall, einen unterschiedlichen Erhaltungszustand. Burgen sind bauliche Überreste des hoch- und spätmittelalterlichen feudalen Machtgefüges und drücken dies auch in ihrer Architektur klar aus.

Heute haben die Burgen ihre ursprüngliche Funktion verloren. Nur noch wenige sind von ihren adligen Besitzern oder von Privateigentümern bewohnt. Die unbewohnten Anlagen und Ruinen sind im Besitz der öffentlichen Hand, entweder von Bund, Land, Kommunen oder von öffentlich-rechtlichen Institutionen beziehungsweise Vereinen.

Frühe Vorläufer

Nach heutigem Verständnis Vorgänger der Burgen waren die befestigten Anlagen der vor- und frühhistorischen Epochen. Von diesen Gemeinschaftsanlagen sind im Gelände meistens nur noch die Ring- und Abschnittswälle erhalten. Die ältesten stammen aus dem Neolithikum (ab 5400 v. Chr.), darunter der Katzenberg bei Mayen. Die meisten sind jedoch eisenzeitlich datiert (nach 750 v. Chr.). Aus strategischen Gründen befinden sich viele vorgeschichtliche Befestigungsanlagen auf Bergkuppen. Sie datieren zumeist in die Hallstattzeit der älteren Hunsrück-Eifel-Kultur (700–450 v. Chr.) beziehungsweise der späten Latène-Zeit (250–50 v. Chr.) und sind bemerkenswert geschickt angelegt worden.

Die größte Gruppe bilden schließlich die spätrömischen Höhenbefestigungen, entstanden nach der Aufgabe des Limes im unteren Westerwald und Taunus um 260 n. Chr. Viele spätrömische Befestigungsanlagen sind auf bereits vorhandenen eisenzeitlichen Anlagen errichtet und bis in das 5. Jahrhundert n. Chr. hinein genutzt worden.

Ein Vorläufer der neueren Burgen waren die römischen Kastelle sowie die merowingischen und karolingischen Pfalzanlagen. Die einsetzende hierarchische Gliederung und Feudalisierung der Gesellschaft seit dem 7./8. Jahrhundert wirkten sich nachhaltig mit Grundherrschaften aus. Angesichts der Wikingerüberfälle und deren Raubzügen wurden befestigte Schutzburgen für den zeitweiligen Aufenthalt bei Gefahren gebaut.

Erst im Laufe des 10. Jahrhunderts wurden allmählich Adelsburgen zur Sicherung der entstehenden und sich etablierenden, zudem dauerhaft besiedelten Herrschaftsbereiche errichtet – nicht zuletzt dadurch begünstigt, dass der Kaiser aufgrund des Zerfalls der Zentralgewalt seit dem 10. Jahrhundert den weltlichen und geistlichen Kurfürsten immer mehr Rechte zugestehen musste, um seine Machtposition zu sichern. Hierzu bekamen die Lehnsmänner das Recht, eigene Burgen zu erbauen.

Höhen- und Niederungsburgen

Die meisten Burgen in der Eifel sind als Höhenburgen auf Bergkuppen (Nürburg, Olbrück) oder an exponierten Hang- und Spornlagen (Ober- und Niederburg von Manderscheid, Burg Eltz) errichtet worden, die als natürlich befestigte Standorte besonders beliebt waren. Daneben entstanden Niederungs- und Wasserburgen in Tallagen wie Burg Seinsfeld im Eifelkreis Bitburg-Prüm sowie Schloss Bürresheim bei Mayen.

Die erstmals 1166 erwähnte Nürburg als Höhenburg der Hocheifel mit Teilen des Dorfes Nürburg

Die Burgruine Tomburg bei Wormersdorf (Rheinbach) wurde um 900 errichtet und ist die nördlichste Höhenburg der Eifel.

Ruinen der Manderscheider Burgen: die ehemalige kurtrierische Oberburg (1141/46) und Manderscheider Niederburg (1173)

Unsere heutigen Vorstellungen von Burgen sind vor allem von der Romantik und deren fortgesetzter Bildsprache in Filmen und Büchern mit dominierenden Höhenburgen und Burgruinen auf Anhöhen schroffer Felsen geprägt. Viele Eifeler Burgen entsprechen tatsächlich diesen Klischees. Auch die Märchen unserer Kindheit haben die Vorstellung von Burgen und Schlössern beeinflusst. Somit sind Burgen von zahlreichen Mythen und Fantasien umgeben, wobei der reale historische Hintergrund oft nicht mehr im Vordergrund steht: Warum ist die jeweilige Burg genau an diesem Standort zu welchem Zweck wann errichtet worden? Wer lebte auf der Burg oder wie wurde sie zeitweilig genutzt? Völlig daneben geraten die filmischen Burgdarstellungen zumeist hinsichtlich der Bewohner und ihrer Kleidung. Aber: Wer will in einem Kinofilm die Realität sehen und nicht viel lieber attraktiv

Burg Blankenheim (1115) mit Pfarrkirche und historischem Ortskern

gekleidete Menschen, darunter starke Männer in Rüstungen, die willensstarken Burgfrauen zu Hilfe eilen, mit denen sie schließlich nach einer Belagerung zum Paar werden? Die Waffen- und Kampftechniken in Filmen sind auch nicht gerade durch historisch verbürgte Realitätsnähe gekennzeichnet und überspringen gerne die Jahrhunderte.

Ende der Burgenherrlichkeit

Mit Veränderungen der Waffentechnik, vor allem der Erfindung von Schwarzpulver für Kanonengeschosse, und der veränderten Kriegsführung im 16. Jahrhundert, verloren die befestigten Burgen ihre strategischen und

Burg (892 erstmals erwähnt) und Ort Dasburg (1222) an der Our

Nicht zerstörte Eifeler Burg: Schloss Bürresheim (1157 erstmals erwähnt) bei Mayen

sichernden Funktionen. Als tradiertes Aufgabenfeld verblieb die repräsentative Wohnsitzfunktion: Die Burgen wurden zu reinen Herrensitzen mit repräsentativen Aufgaben. Die für den Krieg fortan ungeeigneten Befestigungsanlagen wurden allein deswegen nicht abgerissen, weil sie in Friedenszeiten durchaus noch Schutz boten.

Während der Kriege des 17. und der ersten Hälfte des 18. Jahrhunderts haben die als Wohn- und Verwaltungssitze dienenden Burgen arg gelitten Vor allem während des Dreißigjährigen Krieges (1618–1648) und des Pfälzischen Erbfolgekrieges (1688–1692) sind viele Burgen geplündert und zerstört worden. Viele sind deswegen auch nicht mehr aufgebaut worden. Unzerstörte Burgen wie Bürresheim bei Mayen, Eltz oder Pyrmont blieben weiterhin Verwaltungs- beziehungsweise Wohnsitze und wurden entsprechend der politischen und gesellschaftlichen Stellung des Burgherren auch als barocke Residenzen ausgebaut.

Um 1050 errichtet: Burg Olbrück über dem Brohltal

4 Eifel-Schatz

Steinreiche Eifel

Viele Gesteine aus dem erdgeschichtlichen Erbe der Eifel vom Kambrium bis zum Quartär sind werkstofftauglich. Daher findet man die Eifel heute anteilig auch woanders, denn überall in Westdeutschland und in den Niederlanden hat man Kathedralen, Kirchen, Klöster und Burgen aus Eifelgesteinen errichtet. Umgekehrt kann man an den Werksteinen der historischen Bausubstanz direkt ablesen, wo man sich in der Eifel gerade befindet – im Buntsandsteingebiet, in einer der Kalkmulden oder in der von Vulkanit geprägten Osteifel.

An vielen Stellen in der Eifel finden sich Spuren des historischen Steinabbaus in kleinen obertägigen Steinbrüchen oder in untertägigen Gruben. Viele Bergwerke sind bereits stillgelegt und wurden von der Natur zurückerobert wie im Mayener Grubenfeld. Durch den Gesteinsabbau hat der Mensch das Relief nachhaltig verändert. Zahllose größere und kleinere Löcher sind in der Landschaft entstanden. Gegenwärtig und auch künftig werden viele vulkanisch entstandene Bergkuppen gänzlich abgetragen. Natur- und Landschaftsschutz oder die Einrichtung von Naturparks konnten diese Entwicklung nicht nennenswert steuern oder gar verhindern.

Vulkanite als Baumaterial

Bereits der jungsteinzeitliche Mensch kannte die Eignung der Osteifeler Basaltlava als Mahlstein und begann mit dem Abbau. Diese Montantradition besteht bis heute ununterbrochen fort.

Bis weit ins 19. Jahrhundert hinein praktizierte man ein aus heutiger Sicht eigenartiges „Steinrecycling", indem man einfach Spolien, also Über-

◄ Steinbruch bei Hillesheim

Eisenzeitlicher Mahlstein Napoleonshut, Mühlstein-Rohlinge und fertiggestellte Mayener Mühlsteine

reste beziehungsweise Einzel- oder Bruchstücke aus Bauwerken früherer Zeiten, verwendete: Vielerorts wurde die vorgefundene römische Bausubstanz bis auf die Grundmauern abgetragen und anderenorts erneut eingebaut. Ein interessantes Beispiel sind die Kalksinterablagerungen in der römischen Eifelwasserleitung aus der Kalkeifel nach Köln: Man findet dieses fein geschichtete Material unter anderem im Altar der Kirche von Rheinbach-Lüftelberg und in den beiden vorderen Säulen des Baldachins im Chor der Abteikirche Maria Laach. Nach der Säkularisation dienten auch Klöster als Steinbrüche, wie das Beispiel Himmerod zeigt.

Kühles Bier im dunklen Keller

Schon im Neolithikum stellten Reib- und Mahlsteine sowie Getreidequetschen aus poröser, aber harter Mendiger oder Mayener Basaltlava eine begehrte Handelsware dar. Neue handwerkliche Fähigkeiten mit verbesserten Werkzeugen ermöglichten die Anfertigung von qualitativ hochwertigen Erzeugnissen, die europaweit Verbreitung fanden. Ein solches erfolgreiches Produkt war der

Felsenkeller Mendig

„Napoleonshut" – eine assoziative Bezeichnung des 19. und frühen 20. Jahrhunderts für ein Werkstück, das schon in der späten Eisenzeit (Latène-Zeit,
5.–1. Jahrhundert v. Chr.) benutzt wurde. Er war an der Unterseite spitz, sodass
er zum Getreidereiben oder -mahlen einen stabilen Halt im Boden hatte. Nach
heutiger Bewertung war der Napoleonshut geradezu ein Exportschlager.

In Schwerstarbeit wurde in Mendig seit dem Spätmittelalter die säulig er-
starrte Basaltlava eines vor ca. 200 000 Jahren erkalteten Lavastroms aus dem
Wingertbergvulkan abgebaut. Auf einer Fläche von etwa 3 km^2 entstand
unter der Stadt eine Vielzahl von Schächten und hallenförmigen Hohlräu-
men. In 32 m Tiefe erstreckt sich hier eine weltweit einmalige untertägige
Kulturlandschaft.

Mit ihrer konstanten Temperatur von 6–9 °C erhielten die Lavakeller seit
der Mitte des 19. Jahrhunderts eine neue Nutzung: Sie eigneten sich nämlich
ausgezeichnet für die Lagerung von Bier. Mendig entwickelte sich seinerzeit
zu einer Bierstadt mit 28 Brauereien. Erst mit der Erfindung der Kühltechnik
durch Carl von Linde 1879 verschwanden die Brauereien bis auf die heute
noch bestehende Vulkanbrauerei. Das Labyrinth von Kellern und Stollen in
Mendig ist ein besonderer Anziehungspunkt im Vulkanparkprojekt.

Basaltabbau in Tagebau nach 1880: das Mayener Grubenfeld mit Abbaukran

Tuff aus dem Römerbergwerk

Den in der Region als Trass bezeichnete Phonolittuff haben bereits die Römer in der Pellenz, in Kruft, Kretz und Plaidt untertägig abgebaut. Auch in Ettringen, Rieden und Weibern wurde Tuff gebrochen. Die Langlebigkeit der Tuffgesteine beweist eindrucksvoll die hervorragend erhaltene römische Bausubstanz der Porta Nigra in Trier (erbaut ca. 180 n. Chr.). Außerdem bildet Trass immer noch einen wichtigen Grundstoff für die Zementindustrie. Im ehemaligen Römertuffbergwerk Meurin des Vulkanparks Mayen-Koblenz sind die Relikte des römerzeitlichen untertägigen Abbaus zu besichtigen.

Tuffsteinbruch bei Weibern

Römisches Tuffbergwerk Meurin in Kretz

Laacher Münster – erbaut aus den Vulkaniten der Region

Tuff ist nicht nur (geo-)wissenschaftlich interessant, sondern hat durch seine Verwendung als Baustein und als Bestandteil von Zement eine besondere Bedeutung für die gesamte Architekturgeschichte Deutschlands und dem benachbarten Ausland. In vielen Osteifeler Dörfern prägt er als Bausubstanz der Häuser die Ortsbilder. Nach der Römerzeit verlor der Werkstein Tuff zunächst an Bedeutung und wurde erst von Romanik und Gotik neu entdeckt. Bis weit ins 18. Jahrhundert hinein blieb Eifeler Tuff ein äußerst beliebter Werkstein für Kathedralen, Klöster, Kirchen, Kapellen, Burgen und Schlösser.

Von etwa 1830–1920 erlebte der Abbau eine weitere wirtschaftlich erfolgreiche Periode: Tuff entwickelte sich zum Exportschlager für Norddeutschland und die Benelux-Staaten, die kaum über witterungsbeständige Natursteinvorkommen verfügen. Beispiele sind die 1839 errichteten Landungsbrücken und der 1902 erbaute Hauptbahnhof in Hamburg.

Trassabbau im Brohltal

Auch Trass ist ein vulkanisches Tuffgestein, das in Deutschland so nur im Brohltal vorkommt. Er entstand vor etwa 13 000 Jahren beim finalen

Trassabbauspuren im Brohltal

Ausbruch des Laacher-See-Vulkans, bei dem heiße Glutwolken entwichen und bodennahe Ascheströme aus dem Vulkan mit einer Geschwindigkeit von ca. 100 km/h in alle Himmelsrichtungen rasten. Die Eruptionen führten zu Gewittern mit extremen Niederschlägen, welche die Asche zu mächtigen Schlamm- und Schuttströmen verbanden. An der Nordseite des Laacher-See-Vulkans raste ein mächtiger Aschestrom mit Temperaturen von 400–600 °C durch das Tönissteiner Tal. Der meterhohe Strom prallte auf die steilen devonischen Tonschieferhänge des Brohltals und füllte es bis zu einer Höhe von 60 m auf. Er erstickte im Tal alles Leben.

Die Römer kannten die Eigenschaften von Trass aus Italien und bauten im Brohltal große Blöcke ab. Erst im ausgehenden Mittelalter wurde Trass erneut abgebaut, denn man hatte herausgefunden, dass Brohltaltrass einen wasserdichten Mörtel (hydraulischer Zement) liefert, der zudem unter Wasser abbindet. Die Niederländer verwendeten ihn deswegen für den Wasserbau und insbesondere für den Hochwasserschutz. So begann im 17. Jahrhundert der erneute systematische Abbau.

Trasswirtschaft im Brohltal

Vor der Verwendung musste der Trass gemahlen werden. Die Trassmühlen waren mit Stampfern ausgestattet – schweren, eisenbeschlagenen Balken, die angehoben wurden und die Steine beim Niederfallen zerstampften. Später wurden sie durch zweckmäßigere Steinbrecher und besondere Kugelmühlen ersetzt.

Der Transport der getrockneten Trasssteine zur nächsten Trassmühle erfolgte mit Ochsenfuhrwerken. Der Trasszement wurde ebenfalls mit Fuhrwerken und nach 1901/02 mit der Brohltalschmalspurbahn (heutiger Vulkanexpress) nach Brohl am Rhein für die Verschiffung befördert.

Trassabbau, seine Verarbeitung in Trassmühlen und der Transport zum Rhein war bis zum Beginn des 20. Jahrhunderts die wirtschaftliche Basis des Brohltals. Um 1750 arbeiteten über 300 Arbeiter in den Gruben. Um 1910 führte die fortschreitende Erschöpfung der Vorkommen zur Aufgabe des Trassabbaus.

Die gebliebenen Trassfelsenrelikte und -höhlen deuten auf diese wirtschaftlich bedeutende Epoche hin. Die Trassmühlen sind längst abgerissen beziehungsweise für andere Nutzungen umgebaut worden. Erst nachdem die überlieferten Spuren des 2000-jährigen Abbaus unter besonderem Schutz gestellt wurden, entwickelten sie sich zu einer der zahlreichen geotouristischen Attraktionen des Vulkanparks Brohltals.

Bimsabbau senkt die Landschaft ab

Die jüngste Bergbautätigkeit im Mittelrheinischen Becken begann nach 1850. Der großflächige Abbau der viele Meter mächtigen Bimsschicht brachte eine tiefgreifende Umgestaltung der Kulturlandschaft und des Landschaftsbildes mit sich.

Bims, gesteinskundlich ein phonolithisches Lockermaterial in Lapilligröße (vgl. S. 28) wurde vor etwa 13 000 Jahren beim Ausbruch des Laacher-See-Vulkans gefördert und abgelagert. Die Mächtigkeit der Bimsschicht von über 8 m in unmittelbarer Nähe der Ausbruchsstelle nahm zum Osten hin allmählich ab und hatte bei Neuwied noch eine Mächtigkeit von 2–4 m.

Die Eignung von Bims als Baumaterial entdeckte 1845 der Koblenzer Bauingenieur Ferdinand Nebel. Er begründete den späteren flächigen Abbau. Bims- oder Schwemmsteine werden aus einem Gemisch von losem Bims, Wasser und Dolomitkalk – später mit Zement – erzeugt. Aus diesem Gemisch wurden Quadersteine hergestellt. Bimsabbau und -verarbeitung begannen in Urmitz und Weißenthurm und hatte zunächst nur lokale Be-

Postmontan-Landschaft im Neuwieder Becken mit Bimsstegen

deutung. Mit der Fertigstellung der linksrheinischen Eisenbahnlinie 1858 expandierte der Bimsabbau und erweiterte sich in die Gemeinden Kruft, Plaidt und Andernach. Erst nach 1900 erhielten die Bimssteinwerke aufgrund der Mechanisierung feste Standorte und konnten ihre Produktionskapazitäten erweitern: Schon 1914 betrug die Produktion etwa 590 000 t. Nach 1945 erlebte die Bimsbaustoffindustrie durch den Wiederaufbau und das nachfolgende Wirtschaftswachstum eine erneute Hochkonjunkturphase. Die abgebaute Bimsmenge erreichte 1960 mit 6,1 Mio. t den Höhepunkt und reduzierte sich auf etwa 1,8 Mio. t im Jahre 2000.

Nach der Erschöpfung der Bimsvorräte um 1960 im tiefen Teil des Mittelrheinischen Beckens verlagerten sich Abbau und Industrie in die Pellenz. Hier erfolgt der Abbau heute grundstücksweise. Da viele Eigentümer ihre Grundstücke nicht für den Abbau zur Verfügung stellen, entstanden vielfach eigenartige Geländestufen. So verlaufen auch ältere Straßen und Bahntrassen auf dammartigen Geländeerhebungen.

Das Dach aus der Eifel über dem Kopf

Dachschiefer gehört zu den ältesten Baustoffen, die man sowohl historisch als auch gegenwärtig für die Dacheindeckung und den Witterungsschutz der

Schieferdachlandschaft in Monreal

Hauswände verwendete. Dach- und Wandschiefer sind durch tektonische Beanspruchung schwach metamorphe Gesteine, die aus tiefen und feinkörnigen Meeresablagerungen hervorgegangen sind. Sie lassen sich entlang paralleler Flächen leicht spalten. Als witterungsbeständiger Werkstein war Schiefer vor allem in den niederschlagsreichen Gebieten der Westeifel sehr beliebt. Aber auch in den anderen Regionen ist er vor allem in Verbindung mit Fachwerk als Wandschutz anzutreffen, beispielsweise im niederschlagsreichen Bergischen Land.

Schiefer wurde/wird in der Eifel untertägig in Bergwerken gewonnen, so in Müllenbach, Laubach, Ochtendung, Kehrig und Mayen in der östlichen Eifel sowie Bütgenbach in der belgischen Eifel und Gemünden in der Rureifel.

Abbau und Verwendung von Platten- und Dachschiefer sind seit der Jungsteinzeit belegt. In der Römerzeit verfügte man bereits über hochwertige Techniken für die Verlegung von Schieferdächern mit Sechseck-Formaten.

Neueste Funde am Katzenberg zeigen, dass schon die Römer die Rundturmdächer ihrer Höhenbefestigung mit schuppenförmigen Schieferformaten decken konnten.

Für 1362 liegt ein erster urkundlicher Nachweis von Mayener Schiefer am Katzenberg vor. Die Ersterwähnung des Markennamens Moselschiefer datiert auf 1588. Ein bis heute bestehendes Schieferunternehmen wurde 1793 von Johann B. Rathscheck gegründet.

Halde des Schieferbergwerkes Rathscheck am Katzenberg, Mayen

Schätze im Schiefer

Der in der Dachdeckerbranche als Moselschiefer bezeichnete Werkstoff ist im Allgemeinen recht arm an Fossilien, doch sind die relativ wenigen vorhandenen häufig geradezu vorzüglich erhalten. Als eine der weltweit ganz wenigen Gesteinsschichten mit der Zeitstellung Paläozoikum lassen sie fallweise feinste organismische Strukturen und gelegentlich sogar die Weichteilumrisse der eingebetteten Tiere (mehrheitlich Schlangensterne und Seelilien) erkennen. Oftmals erkennt man die Feinstrukturen nur auf Röntgenaufnahmen von Schichtblöcken. Fossilien aus dem Dachschieferbergbau sind neben den Funden im Hunsrück weltweit die Glanzstücke vieler paläontologischer Sammlungen. Proben davon sind im Mayener Eifelmuseum zu sehen, das im Übrigen ein komplettes untertägiges Schieferbergwerk zeigt.

Nach dem Brechen und Bearbeiten wurde der Schiefer in Fuhrwerken zum Rhein oder zu den Baustellen transportiert. Die Fertigstellung der Bahnstrecke Andernach–Mayen–Gerolstein vereinfachte und beschleunigte den Transport. Zwischen 1850 und 1900 erfolgte die Umstellung vom Tagebau zum untertägigen Abbau in Bergwerken. Da neben Schiefer auch andere

Gesteine gefördert wurden, entstanden in der Landschaft um Mayen große Halden mit Abraumgestein.

Kalkgewinnung seit Jahrhunderten

Die ersten Nachweise über Kalksteinabbau und Kalkverarbeitung in der Eifel stammen aus der Römerzeit. Kalk war für das römische Bauwesen als Bestandteil von Mörtel unentbehrlich und wurde deswegen in großen Mengen benötigt. Das Brennen des Kalkes erfolgte in besonderen Kalköfen. In speziellen Gruben an den Baustellen wurde der Kalk mit Wasser gelöscht und als Mörtel angemischt, der sich nach Verarbeitung unter CO_2-Aufnahme wieder in steinhartes Calciumcarbonat umwandelte. Auch nicht gebrannter Kalkstein und Dolomit hatten in der Römerzeit eine vielseitige Verwendung.

Traditionelles Kalkbrennen im ländlichen Raum

Kalkwerk als Denkmal

1890 erbaute Peter Brandenburg in der Nähe von Kronenburg einen Kalkofen. Der benötigte mitteldevonische Kalkstein wurde in einem benachbarten Steinbruch gebrochen. Von hier aus wurden die Kalksteine in Loren zur Ofengicht transportiert.

1920 übernahmen die beiden Söhne von Peter Brandenburg, Peter und Heinrich, den Kalkofenbetrieb, 1931 wurde Heinrich Brandenburg als alleiniger Besitzer erwähnt. 1935 erweiterte er das Werk zu einer Doppelofenanlage. Beide Öfen waren durch ein Arbeitsgewölbe verbunden. Die äußeren Abzugslöcher erreichte man über separate Zugänge. Neben dem Werk wurde eine Mühle errichtet, in der der gebrannte Kalk gemahlen wurde.

Im Kalkwerk wurden Dünge-, Bau- und Putzkalk hergestellt, bis der Betrieb 1979 eingestellt wurde. Heute steht das ehemalige Werk unter Denkmalschutz – ähnlich wie die berühmte römische Kalkbrennerei an der Straße von Euskirchen nach Iversheim.

Nach der Römerzeit verlor der Kalksteinabbau durch die reduzierte Bautätigkeit an Bedeutung. Erst mit dem Bau der frühmittelalterlichen Klöster und Kirchen wurde die Kalkgewinnung erneut aufgenommen. Auch setzte man Kalk jetzt häufiger in der Landwirtschaft ein.

Der Übergang vom vorindustriellen zum industriellen Zeitalter vollzog sich in der Eifel um 1850–1860. Die expandierende Industrie und damit die Städte benötigten immer mehr Kalk. Um die Nachfrage zu bewältigen, setzte ein „Boom" beim Neubau von Kalköfen ein. Abbautechniken von Kalkgestein sowie die Transportmöglichen über neue Straßen und Bahnverbindungen wurden erheblich verbessert.)

Kalk hat viele Anwendungsmöglichkeiten: Als Karbonat dient er der Rauchgasentschwefelung, als fein gemahlener Kalkstein wird er in der modernen Land-, Forst- und Wasserwirtschaft gegen die Versauerung der Böden und Gewässer sowie als Düngemittel eingesetzt. Heute wird vor allem in Üxheim-Ahütte (seit 1833) Kalk abgebaut und verarbeitet.

Der Mensch versetzt Berge

Die besondere Erdgeschichte der Vulkaneifel dient einerseits als Werbeträger für Naherholung und Tourismus, aber andererseits werden die vulkanischen Förderprodukte großflächig abgebaut. Begriffe wie Vulkaneifel, Vulkanpark,

Deutsche Vulkanstraße und (seit 2010) Naturpark Vulkaneifel werben offen-
siv, um den Vulkanismus als Dachmarke und Alleinstellungsmerkmal in das
öffentliche Bewusstsein zu rücken.

Fast überall in der Eifel sind Spuren des Gesteinsabbaus anzutreffen. Seit
der zweiten Hälfte des 19. Jahrhunderts haben Abbauvolumina und -flächen
der Tagebaue drastisch zugenommen und neue Landschaftsbilder hervorge-
bracht. Die größten Narben in der Landschaft hinterlässt der Tephritabbau.

Von vielen ehemaligen Erhebungen sind deshalb nur noch Fragmente
in Form von Fels- oder anderen Abbauwänden übriggeblieben, soweit sie
nicht komplett abgetragen wurden. Mit jedem Vulkanberg geht jedoch ein
Stück charakteristischer Vulkaneifel verloren. Verschwundene und ehemals
für das Landschaftsbild markante Berge sind Goldberg, Löhley, Steffelnkopf, Nerother Kopf, Kalenberg, Radersberg, Goßberg, Wartgesberg in der
Westeifel sowie Plaidter Hummerich, Nast- und Eppelsberg, Wingertsberg,
Kunkskopf, Rothenberg, Herchenberg, Leitenkopf und Wannenköpfe in der
Osteifel.

Ein zusätzliches Dilemma besteht darin, dass die Vulkanberge zwar aus
stark nachgefragten und wirtschaftlich wichtigen Rohstoffen bestehen, aber
andererseits wichtig für die Wasserversorgung sind. Viele Quellen entsprin-
gen auf oder an den Hängen. Lava und lockerer Basalt sind Sammler und
Speicher von Grundwasser. Sie weisen eine vielfältige Flora und Fauna auf,
dienen als Windschutz und beeinflussen das Mikroklima.

Lukrative Verlockungen

Für viele Gemeinden, die ihre Flächen für den Abbau freigeben, ist der
Vulkanitabbau durch die Erhebung von „Bruchzins" lukrativ. Die Bruchzins-
einnahmen stehen den Gemeinden im kommunalen Haushalt komplett und
ohne jeden Abzug zur Verfügung. Daher haben Gemeinden mit potenziellen
Abbauflächen ein starkes Interesse daran, diese auch zu vermarkten. Nur
selten kommt es vor, dass Kommunen den Abbau aus verschiedenen Erwägungen nicht genehmigt haben wie im Fall von Steinborn, Neunkirchen
oder Waldkönigen.

Es wäre durchaus möglich, den Vulkanitabbau landschaftsfreundlicher
ohne Zerstörung beziehungsweise Beeinträchtigung des Landschaftsbildes
zu gestalten, indem man den Abbau auf weniger landschaftsprägende Bereiche konzentriert, an bestehende Tagebaue anschließt und keine neuen
Gruben mehr erschließt. Außerdem könnten mit gezielten Rekultivierungs-
maßnahmen die aufgetretenen Beeinträchtigungen des Landschaftsbildes
gelindert werden.

Die entscheidende Rolle für das zukünftige Aussehen der Eifel spielen die Festlegungen und Fortschreibungen in den Landesentwicklungsplänen von Nordrhein-Westfalen und Rheinland-Pfalz für die nachgeordnete Planung (Regionale Raumordnungspläne des Regierungsbezirkes Köln und der Planungsgemeinschaften Trier und Rhein-Westerwald). Darin wird in Abstimmung mit den Bergämtern festgelegt, welche Gesteinsvorkommen für einen Abbau freigegeben werden und welche zusätzlich als offizielle Rohstofflagerstätten für einen möglichen späteren Abbau in Betracht kommen. Für die nächste Zukunft sehen die Planungen eine Erweiterung der Abbauflächen um etwa 2000 ha vor. Damit wird die Eifel auch zukünftig weitere markante Berge verlieren.

Landschaft auf der Verluststrecke

Ausgewiesene Bergbauflächen haben nach dem geltenden Bergrecht eine juristisch starke Stellung. Für den Abbau werden auch gerne Ausnahmegenehmigungen erteilt. Trotz des großflächigen Landschaftsschutzes sind

Die ehemalige Lavasandgrube Steffelnkopf gewandelt vom Eifelberg zum Vulkangarten Steffeln

im 1982 ausgewiesenen Landschaftsschutzgebiet „Zwischen Uess und Kyll"
durch den Abbau erhebliche landschaftliche Verluste eingetreten. Für den
Erhalt des charakteristischen Landschaftsbildes waren die Bestimmungen
des Landschaftsschutzes wieder einmal nicht ausreichend. Dagegen konnten
markante Bergkuppen wie der Ernstberg, Döhm, Kalem, Hochkelberg, Barsberg, Hohe Acht oder Römerberg schon seit den 1940er Jahren als Natur-
schutzgebiete gesichert werden. Es ist eben immer zwischen Schützen und
Nutzen zu entscheiden – wir selber sind die Nachfragenden für den Markt
und tragen somit auch eine gemeinsame Verantwortung.

Vulkanitbruch bei Mendig: landschaftliche Folgen

Erze aus der Eifel

Die devonische Eifel verfügt über weit gestreute Eisenerzlagerstätten in Form von Rot- und Brauneisenstein sowie Eisen-Mangan-Carbonat. Holz für die Herstellung von Holzkohle für die Verhüttung und Wasser als regenerative Antriebsquelle für die Poch- und Hammerwerke waren ebenfalls vorhanden. Die wichtigsten Lagerstätten befanden sich in der Nähe von Ahr, Kyll (Stadtkyll, Kronenburg), Salm (Eisenschmitt) und Urft (Schleiden, Gemünd, Kall). Damit bestanden schon in der Eisenzeit beste Voraussetzungen für die Entwicklung eines blühenden Eisengewerbes. Bis 1795 haben sich die Methoden des Eisenerzabbaus und der Verhüttung kaum verändert.

Und wie fand man damals die Vorkommen? Wenn diese nicht zufällig durch Erosion oder Erdrutsche freigelegt und für den Abbau über Tage geeignet waren, war man auf Naturbeobachtungen angewiesen. Ein wichtiger Anzeiger war die Rot- oder Braunfärbung von Quellwasser mit entsprechendem Geruch und Geschmack.

Auch in der Vegetation deuteten bestimmte Zeigerpflanzen, wie etwa verkrüppelte oder verdorrte Bäume, die Anwesenheit von Eisenerz im Aus-

Eisenhaltige Mineralquelle (Drees) bei Rothenbach, Gemeinde Kelberg

Untertägiger Eisenabbau nach Georgius Agricola, 1494-1555 (in: De re metallica libri XII (Metallkunde) von 1556)

gangsgestein an. Bei Vermutung einer Lagerstätte wurden Schürfgrabungen durchgeführt, um Umfang, Verlauf, Mächtigkeit und Art des Erzes zu erkunden. Für die Förderung im Tagebaubetrieb wurden meistens runde Schächte mit einem Durchmesser von ca. 1,4 m bis auf etwa 16 m und seit dem 18. Jahrhundert bis auf 30 m abgeteuft. Der Grundwasserstand bildete die technische Abbaugrenze. Solche Schachtanlagen gaben Platz für 3 bis 6 Bergleute. Die Arbeiten wurden oft im Familienverband und im Nebenerwerb durchgeführt. Viele Vorkommen waren bereits zu Beginn des 19. Jahrhunderts erschöpft.

Holz für die Hütte

Die Verhüttung des Eisenerzes fand vor dem 14. Jahrhundert in unmittelbarer Nähe der Gruben statt. Mit der Entwicklung von Öfen, die wegen

Holzkohle nicht nur zum Grillen

Wenn man luftgetrocknetes Holz fast luftdicht bei etwa 275 °C verkohlt, verbrennen nur die leichtflüchtigen Bestandteile, und von der erhitzten Holzmenge verbleiben etwa 20 % als Holzkohle. Für die Holzkohlenherstellung wurden Kohlenmeiler ebenerdig, möglichst in der Nähe von einem Gewässer für das Löschen als flache, runde Kegel angelegt. Zuerst wurde ein Schacht oder Quandel aus senkrechten Stangen errichtet. Um den Schacht herum wurden ca. einen Meter lange armdicke Holzstangen der Eifeler Niederwälder senkrecht aufgeschichtet, mit trockenem Laub, Heu oder Stroh abgedeckt und mit Erde, Gras und Moos luftdicht verschlossen. Über den Schacht wurde der Meiler angezündet. Während des Verkohlungsprozesses von mehreren Tagen mussten die Köhler genauestens darauf achten, dass der Meiler weder erlosch noch durch zu große Luftzufuhr abbrannte. An der Rauchfarbe konnten erfahrene Köhler genau erkennen, ob zu viel oder zu wenig Luft zugeführt wurde. Nach der Garung wurde der Meiler mit Wasser gelöscht. Aus 100 kg Holz wurden ca. 20 kg Holzkohle gewonnen – genug zur Erzeugung von etwa 2 kg Eisen.

Kohlenmeiler im LVR-Freilichtmuseum Kommern

des benötigten höheren Winddruckes wassergetriebene Gebläse besaßen, verlagerten sich die Eisenhütten später an die Wasserläufe in den Tälern. Seit der Eisenzeit war die Nutzung von Holzkohle bekannt. Damit ließen sich die für die Eisenschmelze in Rennfeueröfen höheren Temperaturen erzeugen, wodurch sich auch die Qualität des Eisens erheblich verbesserte.

Seit der Eisenzeit bis etwa 1860 sind Unmengen von Holz aus den Eifelwäldern verbraucht worden. Die Holzentnahme bei fehlender Aufforstung wirkte sich ab der Frühneuzeit um 1500 verheerend aus. So mussten die Holzkohlen über immer weitere Distanzen mit Fuhrwerken zu den Verhüttungsstätten befördert werden. Dieser Prozess beschleunigte sich durch den ständig ansteigenden Eisenbedarf und gipfelte in Holzknappheit mit Holzkohleneinfuhr in der ersten Hälfte des 19. Jahrhunderts.

Prosperierendes Gewerbe

Schon um 1300 waren im Schleidener Tal viele Hochöfen im Betrieb. Hüttenwerke entstanden um 1460 in Hellenthal, Kirschseiffen, Blumenthal, Müllershammer, Oberhausen, Wiesgen und Gangfort. Das Eisengewerbe erlebte wegen der ausgezeichneten Qualität seiner Produkte schon früh eine bemerkenswerte Hochkonjunktur. Um 1600 traten erste wirtschaftliche Schwierigkeiten auf; die Auswirkungen des Dreißigjährigen Krieges brachten das Eisengewerbe fast zum Erliegen. Erst um 1730 konnte es sich wirtschaftlich erholen. Dann gab es neue Rückschläge, denn nach 1825 wirkte sich immer stärker der auswärtige Wettbewerb mit seinen Produktionsinnovationen und Standortvorteilen aus. Mit den in England neu erfundenen Puddelöfen konnte man nun mit fossiler Steinkohle als Energiequelle Stahl aus Roheisen erzeugen. Um 1825 wurden solche Öfen auch am Nordrand der Eifel in Lendersdorf (heute Ortsteil von Düren) und 1841 in Eschweiler in Betrieb genommen.

Niedergang im 19. Jahrhundert

Die starke Konkurrenz des bald schon expandierenden Ruhrgebietes mit seinen Standortvorteilen besiegelte das Schicksal des tradierten Eifeler Eisengewerbes. In Erwartung der Bahntrasse Trier–Kall–Köln ließen zwar die größeren Besitzer einen Teil ihrer Eisenproduktionsstätten noch in Betrieb, aber als sich der Bau der Bahnstrecke ständig verzögerte, gaben sie nach und nach auf – in Hellenthal 1852, in Blumenthal 1875 und in Kall 1883. Die letzte Eifeler Produktionsstätte mit Holzkohlebefeuerung in Jünkerath wurde 1896 stillgelegt.

Takenplatten aus der Frühneuzeit mit Szenen der Kreuzigung und Auferstehung von Christus (links) und ein römischer/griechischer Krieger (rechts), Privatbesitz Judith Hermes

Noch heute finden sich in den Eifelwäldern zahlreiche Spuren des früheren Eisengewerbes in Form von Niederwäldern, ehemaligen Bergwerken, Verhüttungsstandorten, Schlackenhalden und Meilerplätzen. In den Fluss- und Bachtälern liegen die Reste der ehemaligen Poch- und Hammerwerke. Thematisch orientierte Wanderrouten erläutern diese Standorte der früheren Eifeler Eisenindustrie. Das Eisenmuseum in Jünkerath zeigt eine eindrucksvolle Kollektion der erzeugten Eisenprodukte.

Bleiernes aus Mechernich

Eine wichtige Eifeler Erzlagerstätte ist mit einer Länge von etwa 10 km der Bleiberg zwischen Mechernich-Kommern und Kall-Keldenich. Das Erzvorkommen ist hier an den triassischen Buntsandstein gebunden. Weitere Bleilagerstätten mit meist im Devon aufsetzenden Erzgängen befinden sich bei Maubach, Hellenthal-Rescheid und Bleialf. Der älteste Bergbau ist am Tanzberg bei Kall-Keldenich durch Funde von Werkzeugen und Münzen in alten Schächten bereits für die Eisenzeit bezeugt. Um 1450 wurde aufgrund der Bergfreiheit das Bleierz durch Bauern in vielen kleinen Gruben abgebaut. Die Folge war ein rücksichtsloser Raubbau, an dem die Landesherren mit dem Zehnten und dem Vorkaufsrecht auf Silber gut mitverdienten. Dies führte allerdings zu unerträglichen Zuständen, die schließlich 1578 den Erlass einer strengen Bergordnung brachten.

Schon immer ein wichtiger Rohstoff

Bleiglanz diente in der frühen Bronzezeit zur Herstellung von Bronze (bis es hierbei von Zinn abgelöst wurde) sowie als Glasur für Töpferware. In der Römerzeit verwendete man Blei für die hausinternen Wasserleitungen. Im Baugewerbe fand Blei Anwendung zum Ausfüllen von Fugen, beim Verglasen von Fenstern und zum Abdecken von Gebäuden. Seit Erfindung des Schießpulvers um 1320 verwendete man Blei für die Herstellung von Munition.

Eine weitere wichtige Anwendung von Blei entwickelte sich 1450 mit der Erfindung der Buchdruckkunst. Mit diesem metalltechnischen Verfahren konnten Druckplatten aus beweglichen Bleibuchstaben zusammengesetzt werden. Auch der Begriff „Bleistift" geht auf die Nutzung von Blei zurück.

Blei ist kein unproblematischer Stoff. Als Element ist es relativ ungefährlich, aber in seinen Verbindungen ziemlich toxisch. Häufigste Ursache von Bleivergiftungen war in der Römerzeit der bleihaltige Staub, den die Bergleute beim Abbau einatmeten, weshalb oft Sklaven eingesetzt wurden. Besonders gefährlich war der Hüttenrauch, der beim Rösten des Bleierzes entstand und, über längere Zeit durch Inhalation oder über die Haut in den Organismus gelangt, zu schwerwiegenden Bleivergiftungen führte. Dass das römische Reich an Bleivergiftung zu Grunde ging, ist allerdings nicht sehr wahrscheinlich.

Problematisch war immer das aufsteigende Grundwasser, wodurch der Abbau ab 1583 nahezu eingestellt war. Erst nach 1629 konnte man dieses Problem mit Unterstützung von drei kapitalkräftigen Kaufleuten durch den Bau eines zusätzlichen Stollens für die Grundwasserabfuhr erfolgreich beheben. Als Gegenleistung bekamen sie das alleinige Abbaurecht.

Während der französischen Herrschaft war der Mechernicher Bleiberg die ergiebigste Bleimine des Kaiserreichs. Nach Modernisierungen im 19. Jahrhundert mit der Nutzung von Dampfkraft entwickelte sich die Abbaustätte zu einem der modernsten Bergwerke und Verhüttungsbetriebe mit jährlich steigenden Fördermengen: 1884 betrug die Fördermenge 26 200 t bei einer Belegschaft von 4400 Arbeitern.

1853 entstand der erste Tagebau, der ein reichhaltiges Knottenerzlager erschloss. Nach 1918 war die Existenz des Mechernicher Bergbaus wegen der wirtschaftlich schlechten Lage bedroht. Durch ein neu entwickeltes Abbauverfahren gelang es, aus den alten Tiefbaufeldern noch einmal beachtliche Mengen guter Erze zu gewinnen, bis der Betrieb 1945 kriegsbedingt endete. Nach erneuter Instandsetzung konnten Bleiförderung und Hüttenbetrieb erst im Frühjahr 1948 wieder aufgenommen werden. Aufgrund der bis zu 40 % sinkenden Rohstoffpreise war 1957 ein wirtschaftlicher Betrieb nicht

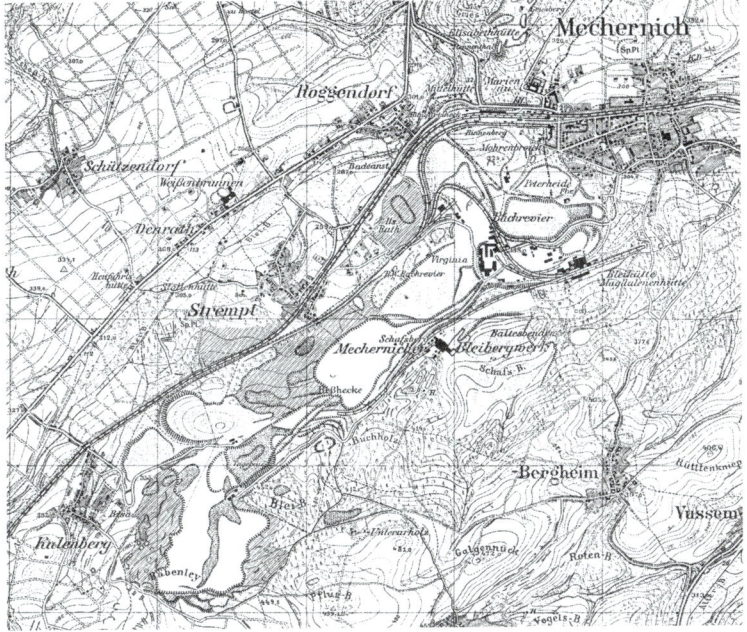

Der Bleiberg von Mechernich (Kartenausschnitt aus TK 25, Bl. 5405 Mechernich 1954)

mehr möglich, und so wurde der Mechernicher Bleibergbau Ende jenes Jahres nach über 2000 Jahren endgültig eingestellt.

Das heutige Besucherbergwerk Mechernicher Bleiberg umfasst einen sehenswerten Teil der 1942 geschlossenen Grube Gönnersdorf. In einem weiteren Besucherbergwerk in Hellenthal-Rescheid kann man ein rund 700 m langes Teilstück des Tiefen Stollens befahren.

Landwirtschaft und Dörfer im Wandel

Die Eifeler Kulturlandschaft verdankt ihr heutiges Aussehen hauptsächlich der Land- und Forstwirtschaft. Die naturräumliche Beschaffenheit gab den Handlungsspielraum vor. In Voreifel, Pellenz, Maifeld, Bitburger Gutland und Wittlicher Senke sind die Bedingungen günstiger, denn die Vegetationsperiode währt hier wesentlich länger – ablesbar an Sonderkulturen wie Weinbau im Ahr-, Mosel- und Rheintal, Hopfenanbau im Bitburger Gutland und Tabakanbau in der Wittlicher Senke. In der niederschlagsreichen Westeifel lag der Schwerpunkt dagegen in der Viehhaltung. Generell war die Eifeler Landwirtschaft bis in die erste Hälfte des 19. Jahrhunderts eng mit der Waldwirtschaft verzahnt. Mit der von der preußischen Verwaltung nach 1815 eingeführten Forstwirtschaft trennten sich die Wege.

Erst um 1100 begann man mit der Kultivierung der höheren Eifelgebiete, obwohl vor allem in der Westeifel die Bedingungen für einen ertragreichen Ackerbau eher ungünstig waren. Statt der sonst üblichen Dreifelderwirtschaft praktizierte man eine unregelmäßige Feld-Gras-Wirtschaftsform mit abwechselnder Acker- und Grünlandnutzung. Im Laufe des 17. Jahrhunderts gab man den ertragsarmen Ackerbau zugunsten der Grünland- und Weidewirtschaft weitgehend auf. Ein weiterer Grund für diese Umstellung könnte die „Kleine Eiszeit" gewesen sein, einer ungewöhnlich kalten Klimaperiode, die in Nord- und Mitteleuropa vom 15. Jh. bis ins 19. Jh. hinein auftrat.

Mit der bereits im Prümer Urbar von 893 als Rottwirtschaft dargestellten Niederwaldnutzung wurde auf abgeholzten Flächen nach Aschedüngung in der Regel zwei Jahre lang Getreide (Hafer oder Roggen) angebaut sowie im folgenden Buchweizen, ein Knöterichgewächs, aus dessen Körnern ebenfalls Mehl hergestellt werden kann. Nach 20–25 Jahren Umtriebszeit begann der Zyklus erneut. Extreme Auswirkungen auf den Waldbestand hatte die seit dem Spätmittelalter zunehmend praktizierte Schiffelwirtschaft, die vermutlich aus der Rottwirtschaft hervorgegangen ist.

Wacholderheide „Heidekopf" in Zermüllen 1939

Schiffelwirtschaft

Bei dieser Wirtschaftsform wurde der Niederwald gerodet und je nach Boden-
beschaffenheit für ein bis drei Jahre beackert. Nach der ackerbaulichen Nutzung
nutzte man die Fläche als Weide. Die ständige Beweidung ließ außer Wacholder
und Besenginster (Eifelgold) kaum eine andere Vegetation zu. Nach etwa 15–30
Jahren wurden die Flächen erneut mit Schaufeln abgeplaggt (= abgeschiffelt). Im
Herbst verbrannte man die im Sommer getrockneten Heideplaggen und düngte
mit der Asche die Flächen. Die so entstandenen Heide- und Ödlandflächen
prägten das Landschaftsbild der Eifel bis weit in das 19. Jahrhundert hinein.

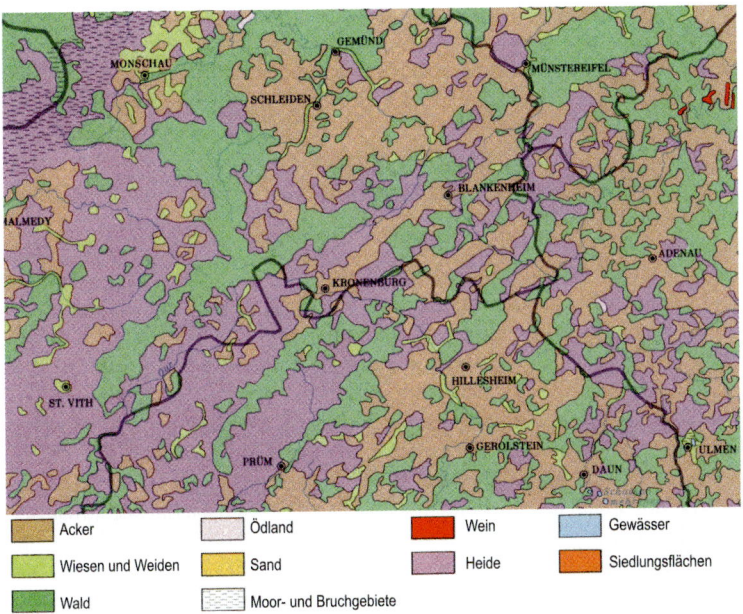

Bodennutzung um 1820

Eine wichtige Neuerung war der um 1720 allmählich einsetzende Anbau von
Kartoffeln, die anfangs von der Eifeler Bevölkerung nur zögerlich als Nah-
rungsmittel angenommen wurden.

Realteilung und die Folgen

Die bittere Armut in großen Teilen der Eifel hatte ihre Ursache auch in der außerordentlich ungünstigen, im Erbrecht begründeten Betriebsstruktur. Mit Ausnahme des Bitburger Gutlandes war die Eifel Realteilungsgebiet – es herrschte die freie, nach französischem Recht seit 1802 legitimierte Teilbarkeit vor. Dadurch nahmen die Betriebs- und Parzellengrößen ständig ab. Das Ergebnis waren völlig zersplitterte Fluren mit winzigen Parzellen in Streulage. So betrug die mittlere Parzellengröße im Altkreis Daun um 1885 nur noch 0,09 ha. Da die Gemarkungen und Fluren zudem nur unzureichend mit Wegen erschlossen waren, musste wegen der Säh- und Erntezeiten der Flurzwang mit gleichen Fruchtfolgen eingeführt werden, was weitere Abhängigkeiten begründete. Die Kosten für die erforderliche Vermessung der immer weiter geteilten Grundstücke waren nicht mehr aufzubringen. Deswegen wurden die Teilungen der Grundstücke nicht mehr individuell im Kataster erfasst, sondern man trug stattdessen eine Erbengemeinschaft ein. So gibt es bis heute Grundstücke, die tatsächlich Hunderten von Erben gehören, die kaum noch zu ermitteln sind.

Notstand durch Missernten

Extrem schlechtes Wetter im Jahre 1816 führte zur Missernte mit großer Hungersnot. Die Schlechtwetterphase wird mit dem Ausbruch des indonesischen Vulkans Tambora in Verbindung gebracht, der als größter Vulkanausbruch der letzten 10 000 Jahre gilt. Während dieses Ereignisses im April 1815 wurden über 100 km³ vulkanisches Material in die Atmosphäre geschleudert. Innerhalb weniger Tage verbreiteten sich die feinen Aschen über die gesamte nördliche Erdhalbkugel. Die Partikeldichte in der oberen Atmosphäre verringerte die auftreffende Sonnenenergie, wodurch die Temperatur im Eifel-Ardennen-Raum um etwa 2,5 °C sank. In der klimatisch ohnehin benachteiligten Eifel verkürzte sich dadurch die Vegetationsperiode erheblich. Notgedrungen mussten viele Menschen das Gebiet verlassen und wanderten aus, obwohl die preußische Regierung Hilfslieferungen sandte.

Eine Reihe von Missernten führte in den 1880er Jahren erneut zum Notstand. Bereits im November 1882 verfügte die Hälfte der Bevölkerung nicht mehr über ausreichend Lebensmittel und Saatgut. Das schlechte Wetter nach 1883 verschlimmerte die Situation – es hing dieses Mal mit dem Ausbruch des javanischen Vulkans Krakatau im August 1883 zusammen, der als zweitgrößter Ausbruch der Neuzeit gilt. Zeitweilig ging die Durchschnittstemperatur in Mitteleuropa um bis zu 0,8 °C zurück. Wieder

Hungermedaille von 1816/17

Auswanderung nach Amerika

Die Eifel gehörte im 19. Jahrhundert zu den ärmsten Regionen in Deutschland. Landwirtschaft auf kargen Böden mit miserablen strukturellen Bedingungen (Realteilung, zersplitterte Kleinstparzellen, Flurzwang), Teuerung von Nahrungsmitteln, Mangel an Arbeit und Verdienstmöglichkeiten sowie eine hohe Steuer- und Abgabenlast bedeuteten schwierige Existenzbedingungen. So sind viele Einwohner der Eifel und sogar ganze Eifeldörfer ausgewandert.

Bis 1852 gehörte das Dorf Allscheid mit 80 Einwohnern und 18 Häusern zum Gemeindeverband Steiningen bei Daun. Im Gemeinderegister ist für 1847 und 1848 wiederholt von Bettelarmut die Rede. So entstand der Vorschlag, Allscheid zu verkaufen und komplett abzureißen. Der Gemeinderat beschloss die Veräußerung am 22. Mai 1852: Die Gemeinde Steiningen kaufte das gesamte Dorf, und die Allscheider Einwohner verpflichteten sich, ihre Auswanderungsabsicht umzusetzen. Ein Gutsbesitzer brachte die Auswanderer nach Rotterdam. Danach wurden alle Gebäude abgerissen, um ein erneutes Ansiedeln zu verhindern.

Die transatlantische Massenauswanderung von Deutschland nach Übersee war vor allem ein Phänomen des 19. Jahrhunderts. Etwa 90 % aller Auswanderer zogen in die USA. Im Zeitraum 1815 –1900 waren es etwa 5 Mio. und darunter viele aus der Eifel.

Tabelle Notstandsmaßnahmen im Rahmen des Eifelfonds (Krewel 1932)

* In Tausend Reichsmark

kam es zu Nahrungsmittelengpässen und Hungersnöten, die zu einer Auswanderungswelle nach Amerika führten. Daraufhin folgten weitreichende Hilfeleistungen der preußischen Regierung, die 1883 einen *Eifelfonds* einrichtete. Die Fördermaßnahmen wurden bald auf Hunsrück, Taunus und Westerwald erweitert. Hierzu wurde 1897 der *Westfonds* gegründet. Beide Fonds wurden 1901 verschmolzen. Die Tabelle auf S. 112 zeigt, wie die Fördermittel investiert wurden.

Bereinigt und verbessert

Eine der wichtigsten Strukturmaßnahmen war die Flurbereinigung nach dem 1885 erlassenen preußischen Flurbereinigungsgesetz. Trotz Widerstands der Bauern und der weiterhin praktizierten Realteilung führte diese Maßnahme zu einer nachhaltigen Verbesserung der landwirtschaftlichen Struktur. Durch die Erschließung der Einzelparzellen mit Wirtschaftswegen war der Flurzwang verzichtbar: Jeder Landwirt konnte jetzt individuell wirtschaften und die Fruchtfolge selbst bestimmen. Die Abkehr vom Flurzwang wirkte sich auf das Landschaftsbild aus. Paradoxerweise gab es nun keine großen einheitlichen Anbauflächen mehr, sondern eine kleinräumige

Ausschnitt der Gemarkung von Kelberg vor (links) und nach der Flurbereinigung (rechts) von 1885

und durchmischte Struktur mit unterschiedlich bewirtschafteten Parzellen. Die nun durchschnittlich etwa 2,5 ha großen Flurstücke ermöglichten eine bessere Bewirtschaftung. Außerdem trug auch die reduzierte Parzellenzahl der Kleinst- (bis 2 ha) und kleinen Betriebe (2-5 ha) zu einer besseren und effizienteren Bewirtschaftung bei.

Der Vergleich der Karten verdeutlicht die Strukturverbesserung. Durch Neuvermessung entstand faktisch ein neues Kataster, das bis heute die Grundlage für die Fortschreibung bildet. Auch die unten stehende Tabelle belegt die ursprüngliche Zersplitterung und den Effekt der Zusammenlegung der Parzellen.

Die weiteren Bemühungen um Strukturverbesserung nach dem Ersten Weltkrieg sind vor allem unter dem Aspekt der nun auf Autarkie hin orientierten Landwirtschaftspolitik zu sehen. Die Steigerung der Agrarproduktion war eine nationale Aufgabe. Deswegen trieb man nun die Ödlandkultivierung voran. Für den Ackerbau ungeeignete Flächen wurden jetzt als Gründland kultiviert. In vielen Gemeinden gründete man dazu Weidegenossenschaften und stellte im Sommer einen Kuhhirten ein. In Dörfern ohne Weidegenossenschaften hüteten Kinder das Vieh auf den verbliebenen Heideflächen. Die Verbesserung der Stallhygiene förderte nachhaltig die Milchviehhaltung. Auch entstanden jetzt die ersten genossenschaftlichen Molkereien.

Tabelle: Zusammenlegungen im Jahre 1906 nach dem Gesetz von 1885

Kreis	beendete Verfahren	eingeleitete Verfahren	Parzellen vorher	Parzellen nachher
Schleiden	4	5	8895	1982
Adenau[2]	11	12	49756	7888
Ahrweiler[2]	11	1	30289	9259
Cochem	3	1	17697	3684
Mayen	8	0	17500	4272
Bitburg[1]	2	1	3042	1118
Daun[2]	12	5	41891	7947
Prüm[1]	4	3	7761	3344
Wittlich[2]	8	4	32985	5468

[1] Die Kreise Prüm und Bitburg haben überwiegend keine Realteilung
[2] Eifelkreise mit den meisten Parzellen als Folge des Realteilungserbrechts

Die neue Landwirtschaft: Vom Kleinen zum Großen

Nach 1945 wandelte sich das Bild grundlegend: Von den vielen auf Tierkraft und Handarbeit basierenden Kleinbetrieben blieben nur wenige, die sich zu Großbetrieben mit entsprechendem Maschinenpark entwickeln konnten. Seit Mitte der 1950er-Jahre erfolgte durch erneute Flurbereinigung die

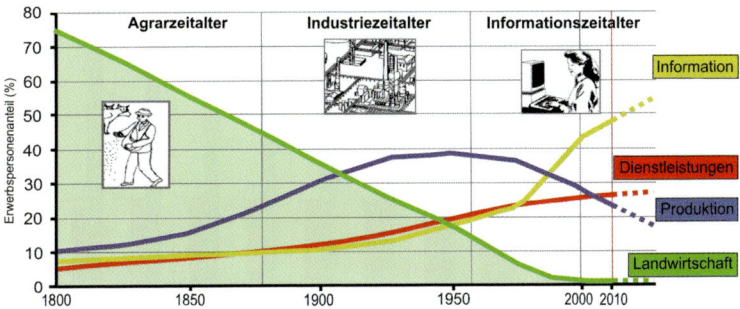

Die Entwicklung der Produktivität in der Landwirtschaft 1800–1990 und die Entwicklung der landwirtschaftlichen Erwerbspersonen

Aussiedlung von Haupterwerbsbetrieben aus den beengten Ortslagen in die Gemarkung, weil sie dort bessere Entwicklungsmöglichkeiten fanden. Gleichzeitig steigerten Innovationen, Schädlingsbekämpfung, verbesserte Düngung, Maschineneinsatz und die Einführung neuer Sorten bei den Kulturarten die Erträge. Die Politik der 1957 gegründeten Europäischen Wirtschaftsgemeinschaft (EWG) mit festgelegten Preisen garantierte den

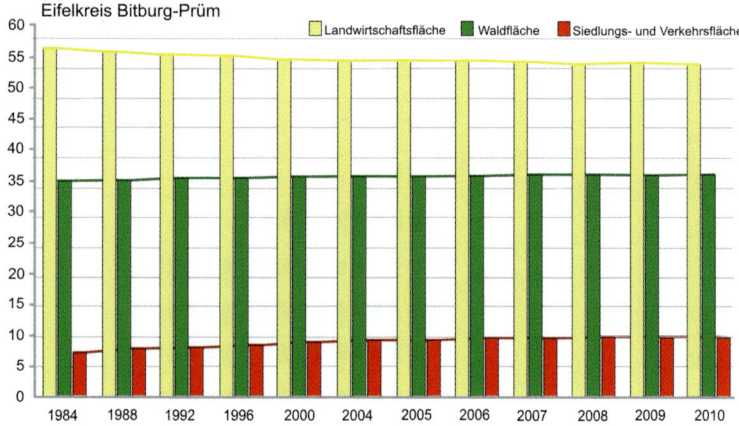

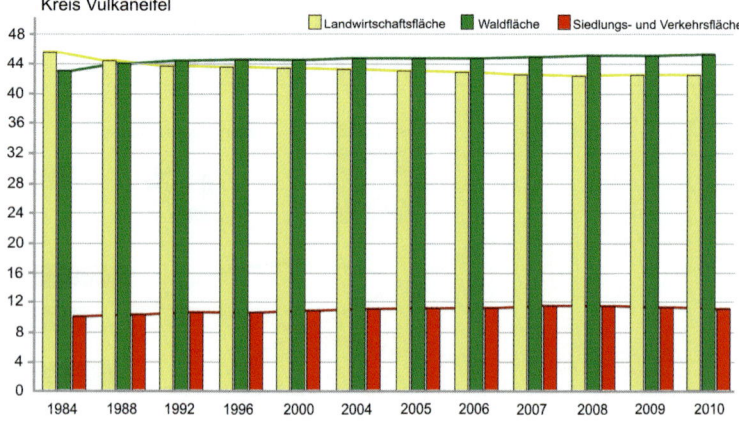

Heutige Landnutzung in dem Eifelkreis Bitburg-Prüm und Kreis Vulkaneifel nach Daten des Statistischen Landesamtes Rheinland-Pfalz

Landwirten ein kalkulierbares Einkommen, führte aber in den 1970er-Jahren zu Agrarüberschüssen. Wachsendem Wohlstand und zunehmender Mobilität folgten berufliche Neu- und Umorientierungen außerhalb der Landwirtschaft. Der Pendelverkehr zu Arbeitsplätzen inner- und außerhalb der Eifel nahm schnell zu. Trotz abnehmender Berufsbevölkerung in der Landwirtschaft und leicht zurückgehendem Nutzflächenanteil nahm die Produktion überproportional zu.

Probleme der Hofnachfolge, verstärkt durch gesunkene Geburtenraten und die Anziehungskraft anderer Berufe, führten zunehmend zu Betriebsaufgaben mit dem viel zitierten „Bauernsterben" in den Eifeldörfern. Die landwirtschaftlichen Nutzflächen nahmen durch die Ausweisung von Neubau- und Gewerbegebieten in Ortsnähe seit den 1960er-Jahren und durch die geförderte Aufforstung der landwirtschaftlichen Grenzertragsflächen ständig ab. Prognosen der frühen 1990er-Jahre, die eine noch deutlichere Abnahme vorhersagten, sind allerdings nicht eingetroffen. Heute sind viele ehemalige Brachflächen wieder in Kultur. In der Eifel hat Landbesitz noch einen beson-

Weite Teile der Hocheifel sind bis heute von der Land- und Forstwirtschaft geprägt.

deren Stellenwert und gilt als sicheres Vermögen. Viele ehemalige Landwirte verpachten deswegen ihr Land, verkaufen es aber nicht. An den Dorfrändern entstanden große moderne Laufstallanlagen mit Weideanbindung. Große, wenig geneigte Dächer eignen sich besonders für die Stromerzeugung durch Photovoltaik. Relativ jung ist die Umstellung auf „agrare Energieerzeugung" durch Anbau von Raps für Biotreibstoffe und von Mais für Biogasanlagen. In vielen Teilen der Eifel stellt die „kultivierte Natur" der Kulturlandschaft einen hohen Erholungswert dar. Deren Erhaltung ist eng mit den Entwicklungspotenzialen der Landwirtschaft verknüpft. Die Landwirtschaft erfüllt nach wie vor eine wichtige Funktion in der Offenhaltung der Kulturlandschaft.

Dorfleben im Wandel

Parallel zur Landwirtschaft hat seit den 1950er-Jahren auch das Dorfleben einen enormen Wandel erfahren. Die früher im Dorfleben fest verankerte und die Dörfer prägende Landwirtschaft hat sich ganz oder zumindest in großen Teilen aus den Ortschaften zurückgezogen. Kleine Dörfer verfügen kaum noch über Gewerbe oder Geschäfte und präsentieren sich als reine Wohn- oder Schlafdörfer. Landwirtschaftliche Nutzgebäude stehen leer beziehungsweise sind anderen Nutzungen zugeführt worden.

Die kleinen Dorfgeschäfte („Tante-Emma-Laden") sind den billigeren Supermärkten in größeren Orten gewichen. Zunehmend betrifft dies auch die Gaststätten, für das dörfliche Gemeinschaftsleben enorm wichtige Begegnungs- und Kommunikationsstätten. Ohne engagierte Dorfgemeinschaften mit viel ehrenamtlichem Engagement, das auch vom Vereinswesen getragen wird, verarmen die Dörfer allmählich. In vielen Dörfern gibt es keine Grundschulen mehr – sie sind mit den Hauptschulen der größeren Orte zusammengelegt worden. Ähnliches gilt auch für die ärztliche Versorgung. Landärzte im Ruhestand finden kaum noch Nachfolger für ihre Praxen. Eine ähnliche Situation betrifft die Apotheken: Am Wochenende muss man eventuell sehr weit fahren, um erforderliche Medikamente zu besorgen.

Diese Entwicklung ist ein Teufelskreis, der im Rahmen einer neuen Politik für den ländlichen Raum durchbrochen werden muss. Die Dörfer müssen als zukunftsfähige Wohn-, Arbeits-, Sozial- und Kulturräume erhalten und weiterentwickelt werden. Der spürbare Umdenkungsprozess und Gemeinschaftssinn der Dorfbewohner und die ersten Erfolge geben Anlass zur Hoffnung, dieses Ziel erreichen zu können. Die Dorferneuerung ist somit ein wesentlicher Baustein der ländlichen Strukturpolitik.

Weinbau im Ahrtal – die Früchte der Landschaft genießen

Wein und Eifel – das schließt sich doch eigentlich gegenseitig aus. So denken Viele und haben beim Stichwort Wein meist nur Rhein und Mosel im Blick. Die Mosel grenzt die Eifel südwärts ab, aber sie erschließt diese nicht. Das Gleiche gilt ostwärts für den Rhein. Ganz anders jedoch verhält es sich mit der Ahr. Sie schneidet sich mit manchen Windungen von Westen nach Osten mitten durch die Eifel. Aus Karstquellen der Kalkeifel entspringt sie in Blankenheim in 483 m ü. NN, um etwa 86 km weiter in den Rhein zu münden. Zwar war und ist wegen der Höhen- und Geländeverhältnisse auf dem ersten Drittel des Ahrlaufs nirgends mit Weinbau zu rechnen, was sich jedoch auf dem zweiten Drittel ändert. Ab Hönningen (200 m ü. NN) hat es flussabwärts viele Jahrhunderte lang Weinbau gegeben. Noch im 19. Jahrhundert trafen bei Sinzig und Remagen die Weinbaugebiete Ahr und Mittelrhein zusammen. Rebhänge und Weingärten setzten sich damals fast bis Köln fort. Heute zeugen an der Oberahr zwischen Hönningen und Altenahr und an der Unterahr ab Sinzig-Bad Bodendorf nur noch verfallene Weinbergterrassen von dieser größten Ausdehnung des Weinbaus. Dagegen blüht der Weinbau an Mittel- und Unterahr zwischen Altenahr und Bad Neuenahr-Ahrweiler. Hier liegt Deutschlands größtes geschlossenes Anbaugebiet für Rotwein, obwohl das Weinbaugebiet „Ahr" gegenwärtig nur etwa 550 ha umfasst und zu den kleinen Produzenten zählt.

Die Tabelle auf S. 120 dokumentiert die drastischen Veränderungen der Reblandausdehnung im Ahrtal während der letzten 200 Jahre. Man

Trotz der nördlichen Lage gedeiht im Ahrtal vorzüglicher Wein. Ein enges Tal mit sonnenexponierten Steilhängen und wärmespeichernden Felsen begünstigt den Anbau.

Tabelle: Rebflächen im Ahrtal (in Hektar)

Region	1820	1867	1903	1928	1955	2007
Oberahr	31,34	25,42	25,5	0,80	0,41	-
Mittelahr	504,11	536,16	650,47	450,50	579,38	251
Unterahr	343,58	347,25	356,44	99,4	155,59	288
Summe	879,03	908,83	1032,48	550,70	735,37	539

könnte von „Gesundschrumpfung" des Weinbaus sprechen, wenn man bedenkt, dass er an der Unterahr in den 1920er-Jahren gänzlich unterzugehen drohte und heute an der Mittelahr nur noch etwa die Hälfte seiner früheren Flächen einnimmt. Die Flächenbilanz verschleiert jedoch, dass sich das alte Bild der Weinbaulandschaft mit ihren zahllosen kleinen Parzellen und Terrassenmauern seit etwa 1960 nahezu vollständig gewandelt hat. Umfangreiche Flurbereinigungen haben die Hänge auf vier Fünfteln der Rebfläche zur leichteren Bearbeitung geglättet. Nicht zuletzt aus Kostengründen sollen gegenwärtig die Eingriffe in die verbliebenen alten Lagen (zum Beispiel bei Walporzheim) behutsamer erfolgen, zumal man inzwischen auch ihren ökologischen, kulturhistorischen und touristischen Wert erkennt.

Die Mosel rühmt sich gerne der römischen Wurzeln ihres Weinbaus. Was dort archäologisch zweifelsfrei belegt ist, gelingt an der Ahr nicht in gleicher Weise – noch nicht. Angeblich ist man zwar 1853 zwischen Bad Neuenahr und Heppingen unter 6 m tiefem Hangschutt auf Rebstöcke und römische Münzen des 3. Jh. n. Chr. gestoßen, aber die Funddokumentation weist zahlreiche Lücken auf. Eigentlich sprechen die spektakuläre Silberbergvilla in Ahrweiler und weitere römische Anwesen (villae rusticae) der Unterahr und in Dernau für einen der Moselgegend vergleichbaren Lebensstil. Unstrittig hat die von Natur aus eher im Mittelmeerraum beheimatete Weinrebe (*Vitis vinifera*) mit den Römern Einzug in das klimatisch deutlich ungünstigere Rheinland gehalten. An Gunstplätzen und in wärmeren Phasen der Geschichte (zum Beispiel römisches und hochmittelalterliches Klimaoptimum) gelangten jedoch auch hier die Trauben zur Reife, obwohl man ökologisch der polaren Grenze der Weinreben sehr nahe ist. Das W/O-orientierte tief eingeschnittene Ahrtal mit seinen der Sonne ausgesetzten Hängen ist ein solcher Gunstplatz. Durch seine Lage im Wind- und Regenschatten der westlichen Hochlagen ist es zudem trockener als die Eifelhöhen. An dunklen Schieferfelsen ergeben sich mikroklimatische Nischen, in denen auch andere

Dernau bietet noch in den 1950er Jahren das traditionelle Bild: Terrassenweinbau auf kleinen Parzellen ohne Wegeerschließung prägen die Hänge, Wein- und Hausgärten den Talgrund.

Dernaus Ansicht (2011) hat sich durch die Flurbereinigung grundlegend gewandelt: Die alten Terrassen sind ausgeräumt, neue Betonmauern entlang befestigter Wege begrenzen eingeebnete große Parzellen. Der Talgrund ist mit Neubauten bedeckt.

Rebflur in der Vertikalen

Seit der Karolingerzeit (ca. 750 n. Chr.) belegen zahlreiche Urkunden vor allem klösterlichen Weinbergsbesitz an Mittel- und Unterahr, der sich vermutlich nicht auf flache Lagen beschränkt, sondern schon bald auf Terrassen mit günstigerer Besonnung ausgedehnt wurde. Die verwegenen Terrassierungen bei Ahrweiler, Walporzheim, Mayschoß und Altenahr scheinen spätestens ab ca. 1100 n. Chr. gebaut worden zu sein. Sie sind die weinbaulichen Entsprechungen zu den hiesigen Burgen, Kirchen und Stadtmauern, die gleichermaßen aus dem Hohen Mittelalter stammen. Die neuen Terrassen ermöglichen die Bepflanzung wohl zunächst ungenutzter Steilhänge, führen damit zu einer Ausdehnung und zugleich auch Intensivierung des Weinbaus und ermöglichen so einer damals stark wachsenden Bevölkerung eine Existenzgrundlage. Dass die dicht benachbarten Orte Remagen, Sinzig, Ahrweiler und Altenahr sich zeitlich parallel zu Städten entwickeln und Bodendorf und Heimersheim ungewöhnlich große und befestigte Dörfer sind, bestätigt die wechselseitigen Beziehungen zwischen Einwohnerzahlen, Rebflächenausweitung und Siedlungswesen. Die Höhenburgen Are, Saffenburg, Neuenahr und Landskron sind Ausdruck für das konkurrierende machtpolitische Interesse an diesem besonderen Landstrich.

mediterrane Pflanzen und Tiere beheimatet sind. Dennoch fürchten die Winzer die gar nicht so seltenen Frosteinbrüche bis ins späte Frühjahr oder schon im September/Oktober. Auch bedrohen feuchte, kühle Sommer und extreme Winterkälte die empfindlichen Reben.

Weiß oder Rot?

In welchem Maße der Weinbau das Leben in Städten und Dörfern des Ahrtals in den folgenden Jahrhunderten geprägt hat, spiegeln die inzwischen edierten Quellen zu Ahrweiler, Bad Neuenahr und der Herrschaft Landskron sowie die umfangreichen Darstellungen zur Geschichte von Mayschoß, Bad Bodendorf, Sinzig und Remagen. Die scheinbar einfache Frage, ob denn hier schon immer vorwiegend Rotweine produziert wurde, lässt sich nicht so einfach beantworten. Die Quellen sprechen erst im 15. Jahrhundert ausdrücklich von Rotwein. Im Dreißigjährigen Krieg wird in Ahrweiler Rotwein teurer gehandelt als Weißwein. Erst seit dem 18. Jahrhundert scheinen Rotweine zu überwiegen. Sie werden damals wegen ihrer zunächst blassroten Farbe „Bleicherte" genannt und zum Markenzeichen der Ahr. 1788 ist

auch ausdrücklich von Burgunderreben die Rede. Selbst als die Bleicherte im 19. Jahrhundert dunkelrot sind, behalten sie diesen Namen, unter dem auch „fabrizierte", das heißt künstlich hergestellte Weine zum Schaden der Winzer auf den Markt kommen. Am Beginn des 20. Jahrhunderts sind ca. 90 % der ertragsfähigen Rebfläche mit roten Sorten bestockt, 1930 noch 85 %, 1970 nur noch 60 % aber 2010 wieder 85 %. Dabei schwanken die Anteile von vornehmlich Blauen Spätburgunder- und Portugieserreben bei den Rotweinen und Riesling und Müller-Thurgau bei den Weißweinen, was durch Ernterisiken und Kundenwünsche zu erklären ist. Seit gut 300 Jahren darf man also bei der Ahr vom „größten geschlossenen Rotweinanbaugebiet in Deutschland" sprechen, selbst wenn heute die Flächen mit roten Trauben zum Beispiel an der Mosel oder in der Pfalz deutlich größer sind, aber gegenüber den weißen Trauben dort anteilsmäßig weniger als die Hälfte ausmachen.

Rückgang und Neubeginn

Die großen Umbrüche in Politik, Wirtschaft und Gesellschaft Mitteleuropas im 19. Jahrhundert treffen auch den Weinbau an der Ahr massiv. Nach der langen Phase der Kleinstaaterei im Alten Reich, welche die lokalen Märkte durchaus begünstigt hat, ist man jetzt nationaler und sogar internationaler Konkurrenz ausgesetzt. Zollpolitik entscheidet über Wohl und Wehe des Absatzes, bei dem zahllose Klein- und Kleinstbetriebe zudem der Willkür der wenigen Weinhändler ausgesetzt sind. Häufige Missernten bringen viele Winzerfamilien in Not. Da ist es nur zu verständlich, dass Arbeitsmöglichkeiten außerhalb der Landwirtschaft begehrt sind. Der Ausbau des Eisenbahnnetzes seit ca. 1840 schafft Arbeit und zugleich Wege in die wachsenden industriellen Zentren an Rhein und Ruhr. Nicht nur das Hochland der Eifel kennt Aus- und Abwanderung, sondern auch das Weinland Ahr. Die Übertragung des Genossenschaftsgedankens von Raiffeisen (1847) und Schulze-Delitzsch (1849) auf den Weinbau gelingt 1868 den Winzern von Mayschoß. In der Folgezeit entstehen in den Dörfern der Ahr 22 Winzergenossenschaften, welche die Situation der Kleinbetriebe etwas verbessern. Noch spielt der Tourismus für den Weinabsatz keine bedeutende Rolle, denn die Felsen- und Burgenlandschaft steht im Vordergrund des Interesses der Besucher. Manche Gäste des seit 1858 wachsenden Bades in Neuenahr schwärmen allerdings nicht nur vom heilenden Wasser, weshalb der Kurbetrieb lange Zeit Distanz zum Weinbau hält. Katastrophal wirkt das Auftreten des schlimmsten aller Schädlinge, der Reblaus, auf über 400 Herden zwischen 1881 und 1929 vornehmlich im unteren Ahrtal, am Rhein und in seinen kleinen Seitentälern. Viele der gerodeten Weinberge fallen brach, werden für Obstkulturen genutzt oder bewalden sich. Die Reisigkrankheit belastet viele Jahre lang die Spätburgunder-Reben.

Absatz durch Ausbau

Nach dem Ersten Weltkrieg fördert der Staat den Weinabsatz als Teil des Tourismusausbaus. Mit seinen „Weinpatenschaftsaktionen" zwischen norddeutschen Landkreisen und den Weindörfern an der Ahr und den neuen Wein- und Winzerfesten verfolgt der NS-Staat, unterlegt mit viel Ideologie, ein Konzept, das durch den Zweiten Weltkrieg wieder gegenstandslos wird. Seit ca. 1950 erlebt das Ahrtal zunächst widersprüchliche Jahre mit einerseits glänzendem Absatz bei rauschenden Weinfesten (mit verstärkter Weißwein-Nachfrage), andererseits blickt man auf rückläufige Rebflächen und aufgegebene Betriebe. Deutlich später als in anderen Weinbaugebieten

Im Lauf der Jahrzehnte haben sich die Gestaltungselemente einer Weinbergsflurbereinigung verändert: Querterrassierung und Monorackbahnen erleichtern dem Winzer die Arbeit beträchtlich.

lassen sich die Ahrwinzer erst Ende der 1950er-Jahre zunächst zaghaft, dann verstärkt auf Rebflurbereinigungen ein, die nicht nur das äußere Erscheinungsbild der überkommenen Landschaft drastisch verändern, sondern unter den alten Winzerfamilien den Entscheidungsprozess vorantreiben, wie man künftig zum Weinbau steht. Im Jahre 1958 gibt es an der Ahr 1600 Winzerbetriebe, davon 1524 kleiner als 1 ha. Heute sind es 750 Neben- und 65 Haupterwerbsbetriebe. Wenn durch Auflösung oder Fusion der ehemals 22 Genossenschaften gegenwärtig nur noch drei Genossenschaften bestehen (Dagernova mit ca. 600, Mayschoß-Altenahr mit ca. 400, Ahrweiler mit ca. 60 Mitgliedern), ist das kein Zeichen für den Niedergang der Weinkultur. Vielmehr spricht es für ihre Vitalität, sich den Bedingungen der Gegenwart zu stellen. Der Erfolg bestätigt die unternehmerische Strategie.

Neue Technik, neue Chancen

Trotz besserer Wege in den Hängen, zusammengelegter Rebparzellen, ausgeräumter Terrassenmauern, Monorack-Bahnen und Hubschraubereinsatz ist der Arbeitsaufwand für Ahrwein noch immer deutlich höher als für die Konkurrenz in Rheinhessen oder der Pfalz und erst recht im mediterranen Raum für die anderen Mitglieder der EU. Die Erkenntnis, dass man nicht mit Masse, sondern nur durch Qualität am Markt bestehen kann, und das bei vergleichsweise hohen Preisen, setzt sich seit den 1980er-Jahren durch. So erklärt sich zugleich die Profilierung des Angebots auf Rotwein, insbesondere Spätburgunder. Eine neue Winzergeneration verändert auch die Behandlung der Trauben im Keller, begleitet von einer geschmackvollen Inszenierung der Gastronomie. Spitzenprämierungen der Weine auf deutscher und europäischer Ebene sind der Lohn. Die Symbiose von Weinbau und Tourismus, erst seit 2011 in einer einheitlichen touristischen Organisation „Ahrtaltourismus" für das gesamte Tal von den Quellen bis zur Mündung geordnet, findet seit 1972 ihren besten Niederschlag in der Anlage des 35 km langen Rotweinwanderwegs zwischen Altenahr und Bad Bodendorf. Er eröffnet auf der Sonnenseite einen aussichtsreichen Blick auf die vielfältigen Facetten des Weinbaus, wie er hier nie zuvor bestanden hat. Tausende Wanderer kennen inzwischen diesen Weg. Hinzu kommen die Freunde des Ahrtal-Radwegs von Blankenheim bis Sinzig, die Nutzer der „Rotweinstraße" und künftig des „Ahr-Steigs". Sie alle genießen heute diese Landschaft und ihre Früchte. Hinter diesem vordergründigen Bild der Harmonie stehen aber Jahrhunderte schwerer Arbeit, häufig bittere Not und gewaltige gesellschaftliche Umwälzungen. Früher war nicht alles besser!

5 Eifel-Traum

Vom Eifelgold zum Tatort Eifel – die Eifel in Kunst und Literatur

Zweifellos kommen dem Maler Fritz von Wille (1860–1941) und der Schriftstellerin Clara Viebig (1860–1952) jeweils ein besonderer Rang für das Eifel-Bild in Kunst und Literatur zu. Seine Bilder und ihre Romane prägen weit über die Kunstszene hinaus das Außenbild der Eifel. Besenginster, eigentlich Indikator für ausgelaugte saure Böden, wird durch den Maler zum leuchtenden „Eifelgold", und damit zum positiven Erkennungszeichen einer als typisch verstandenen Eifellandschaft. Aber dieses Klischee reduziert nicht nur das Werk von Willes in unzulässiger Weise, es übersieht auch die Beiträge anderer Künstler, die ebenfalls seit rund 200 Jahren zum Eifel-Bild beitragen wie zum Beispiel Sven Schalenberg mit seinem Ölgemälde „Eifelstraße" (1992). Viebigs naturalistische Schilderungen des harten Eifel-Alltags im *Weiberdorf* spiegeln den gesellschaftlichen und wirtschaftlichen Umbruch vor hundert Jahren. Dagegen gilt die Eifel heute als Deutschlands Krimilandschaft Nr.1 und Jacques Berndorf als ihr Erfinder.

Während sich das Thema „Die Eifel in der Kunst" seit 1902 wiederholt in Ausstellungen findet (zuletzt „Raue Schönheit. Eifel und Ardennen im Blick der Künstler", Trier 2010) und Conrad-Peter Joist einen Überblick zu den Landschaftsmalern der Eifel im 20. Jahrhundert herausgegeben hat, verdanken wir unsere Kenntnisse über die Eifel in der Literatur (einschließlich der Kriminalromane) vor allem Josef Zierden, dem Begründer des inzwischen bundesweit beachteten „Eifel Literatur Festival". Seit 1994 bietet dieses alle zwei Jahre Schriftstellern, die aus der Eifel stammen oder hier leben oder über sie schreiben, ebenso ein Forum, wie es auch renommierte Autoren der Gegenwartsliteratur in die Eifel einlädt. Das Krimifestival „Tatort Eifel", das seit 2001 alle zwei Jahre vom Landkreis Vulkaneifel zusammen mit dem

◀ Die Burg Eltz aus dem frühen 12. Jahrhundert

„Kultursommer Rheinland-Pfalz" ausgerichtet wird, versammelt Schriftsteller, Drehbuchautoren, Schauspieler und Mitarbeiter der Film- und Fernseh-
branche in Daun und Umgebung zu intensivem Austausch. In Hillesheim
befindet sich zudem das „Deutsche Krimi-Archiv" mit rund 26 000 Bänden
in seinem Bestand, standesgemäß untergebracht im „Kriminalhaus".

Mit Pinsel und Feder

Die Auseinandersetzung der Künstler und Literaten mit der Eifel beginnt parallel und im Gefolge der Rheinromantik. Durch die Seitentäler des Rheins,
besonders Ahr und Mosel, und entlang der alten Linie Köln–Trier erfolgt
die Entdeckung der damals vom wirtschaftlichen Niedergang gezeichneten
Landschaften. Jean Nicolas Ponsart (1788–1870) bietet ab 1831 in seinen
Lithografien Ansichten aus der Nord-, Ahr- und Vulkaneifel. Wichtiger
als Koblenz mit seiner künstlerischen Tradition wird Düsseldorf, dessen
Kunstakademie um 1830 eine eigene Landschaftsklasse einrichtet. Johann
Wilhelm Schirmer (1807–1863), Carl Friedrich Lessing (1808–1860) und
Caspar Johann Nepomuk Scheuren (1810–1887) sind nur einige der bekannten Namen, die Motive der Eifel festhalten oder in ihren Werken verarbeiten. Hinzu kommt eine Vielzahl von Stichen und Radierungen für die jetzt
entstehenden Landschaftsbeschreibungen und Wanderführer. Johann Adam
Lasinsky (1808–1871), Christian Hohe (1798 –1868), Carl Schlickum (1808–
1869) und andere veranschaulichen, was Ernst Moritz Arndt (1769 –1860),
Karl Simrock (1802–1876), Gottfried Kinkel (1815–1882) und andere über
die Geschichte der Burgen, Städte, Land und Leute literarisch zusammen-
getragen haben. In den Gemälden, Zeichnungen und Drucken dieser Grün-
dungsphase der „Eifelromantik" begegnen uns nicht immer getreue Abbilder
der Landschaften, sondern häufig dienen einzelne landschaftliche Objekte,
seien es Felsen, seien es Gewässer oder Gebäude, als beliebig kombinierbare
Elemente einer idealen landschaftlichen Komposition. Nicht so sehr ein
konkretes Motiv soll im Gemälde festgehalten werden, sondern vielmehr ein
Typ, der eine Stimmung der gesamten Landschaft auszudrücken sucht, das
Abbild einer „Seelenlandschaft".

Regionales Sammelgut

Anders als die an lokaler Geschichte und Genealogie interessierten Literaten
sammeln oft Pfarrer und Lehrer die in den Dörfern erzählten Sagen, Legenden und Märchen, zum Beispiel Johann Hubert Schmitz 1847 „Sagen des

Eifellandes", 1858 „Sagen und Legenden des Eifler Volkes" oder Johann Baptist Wendelin Heydinger 1853 „Die Eiffel. Geschichte, Sage, Landschaft und Volksleben im Spiegel deutscher Dichtung. Für Schule, Haus und Wanderschaft". Ihre Nacherzählungen entstehen in dem Bewusstsein, dass sich ihre Gegenwart schon deutlich von den Jahrzehnten zuvor unterscheidet. Wenn sie es nicht aufschreiben, gehen diese Geschichten bald verloren. Bis heute finden sich Bearbeiter dieses Stoffs, die wie Tilman Röhrig, mit sprachlicher Sensibilität ihr Publikum faszinieren.

Impulse von außen

Der 1888 gegründete Eifelverein erkennt von Beginn an die Chance, der als „preußisches Sibirien" gescholtenen Eifel durch eine gezielte Förderung der Kunst und Literatur zu einem neuen und besseren Ansehen zu verhelfen. In seinen Schriften berichtet er in Wort und Bild vom Schaffen der Künstler, und es erscheinen Texte von Poeten und Schriftstellern. So, wie die meisten Mitglieder des populären Vereins selbst nicht in der Eifel, sondern in den Großstädten an Rhein und Ruhr leben, stammen auch viele Künstler und Literaten nicht unmittelbar aus dieser Landschaft. Fritz von Wille wird in Weimar geboren, wächst in Düsseldorf auf, studiert dort an der Kunstakademie und findet erst um 1900 „seine" Eifel künstlerisch und als Zweitwohnsitz; Hans Richard von Volkmann wird in Halle geboren und künstlerisch in Düsseldorf, Karlsruhe und Dachau geprägt. Adolf Erbslöh kommt aus Barmen, besucht die Akademie in Karlsruhe, wirkt lange in der Nähe von München und lernt auf seinen vielen Reisen auch die Eifel kennen. Clara Viebig wächst in Trier und Düsseldorf auf, bereist die Eifel als junges Mädchen während ihrer Pensionatszeit und wohnt dann lange in Berlin. Alfred Andersch wird in München geboren und durch die Liebe zu seiner

Ernst Kley (1913 – 1991), Hohe Acht, 1961

zweiten Frau in die Eifel gezogen. Der Geburtsort von Michael Preute, alias Jacques Berndorf, ist Duisburg, was auch nicht erklärt, warum er zum Erfinder der Eifelkrimis wird. Man muss also nicht in der Eifel geboren sein, um sich mit ihr auseinandersetzen zu können. Aber natürlich gibt es auch Künstler und Literaten, deren Familien in der Eifel verwurzelt sind, seien es Pitt Kreuzberg, Carl Weisgerber, Franziska Bram oder viele andere.

Keine heile Welt

So vielfältig also Herkunft und Lebenswege der Künstler und Schriftsteller sind, so vielfältig sind auch ihre Bilder der Eifel in Gemälden, Zeichnungen, Holzschnitten, Romanen, Mundarterzählungen und Gedichten. Der romantische Blick und die Schilderung der Idylle sind nur zwei Facetten eines tausendfach gebrochenen Eifel-Kaleidoskops, das Krieg, Not, Humor, Verbrechen, Gespenster und Gottvertrauen nicht ausspart. Häufiger als die Landschaftsmalerei arbeitet die Literatur bewusst mit Motiven, die in starkem Kontrast zu manchen Eifel-Klischees der hier angeblich „reinen Natur" oder des „gesunden, einfachen Landlebens" stehen. Schon Clara Viebigs Romane werden von manchen als Provokation empfunden. Bei Walter Schenker, Karl-Norbert Scheuer und anderen bildet die Eifel eben nicht die idyllische Kulisse einer harmonischen Erzählung. Besonders viele Eifelkrimis leben von der ironischen Konstruktion, gerade in dieser „heilen Welt" Intrigen, Lug und Trug bis hin zum Mord zu verorten. Dabei bedarf es nicht einmal der Konstruktion, denn Erster und Zweiter Weltkrieg und auch der Kalte Krieg bieten in der Eifel genügend Stoff für dramatische und tragische Geschichten, zum Beispiel von Alfred Andersch („Die Letzten vom Schwarzen Mann" 1961, „Winterspelt" 1974), Heinrich Benedikt Capellmann („Exitus" 1924), Ernest Hemingway („Über den Fluss und in die Wälder" 1951), Kurt Kaeres („Das verstummte Hurra" 1985), Ursula Krechel („Sizilianer des Gefühls" 1993), Albert Pütz („Hecht in Himmerod" 1990) oder Katharina Schubert („Fluchtweg Eifel" 1992).

Die Intention des Künstlers und Schriftstellers wie auch die Stimmung des Betrachters und Lesers entscheidet, welches Eifelbild für ihn gilt. Und das kann sich im Jahres- und Lebenslauf ändern. Wer sich künstlerisch und literarisch auf die Eifel einlässt, kreativ oder rezeptiv, wird dabei vieles über sie, aber am meisten über sich selbst erfahren. Auch deshalb lohnen sich Besuche der Bibliothek des Eifelmuseums in der Genovevaburg Mayen, von Haus Beda in Bitburg mit seiner Präsentation zahlreicher Werke Fritz von Willes und des „KunstForumEifel" in Schleiden-Gemünd mit seiner Ausstellung „Eifelmalerei von 1890 bis 1990".

„Urlaub in der Eifel. Natur pur erleben!"?

So lautet die vollmundige Botschaft der Eifel Tourismus GmbH. Sie ist die wichtigste touristische Organisation, welche die Ländergrenzen von Rheinland-Pfalz und Nordrhein-Westfalen übergreift und fast die gesamte Eifel erfolgreich vermarktet. Was jedoch hier im Wortsinn mit „Natur pur erleben" versprochen wird, mag in entlegenen Teilen Alaskas möglich sein. Für die Eifel scheint dieses Motto eher vom Missverstehen der Geschichte dieser Region zu zeugen. Richtig müsste es heißen „Kultur pur erleben", denn alles, was in der Eifel mit ihren Vulkanen, Wäldern und Gewässern einmal „Natur pur" war, wandelte sich seit Beginn der Jungsteinzeit durch die Nutzung der Menschen zur Kulturlandschaft. Offensichtlich erscheint den Touristikfachleuten die Werbung mit der schlichten Illusion „Natur pur" jedoch attraktiver. Das Motto will den subjektiven Gefühlen der meisten Besucher der Eifel entgegenkommen, für die der Unterschied zwischen „Natur" und „ländlichem Raum" keine Rolle spielt. Dieser touristischen Strategie bedienen sich alle Regionen Europas, was für unser Verständnis von Natur bezeichnend ist. Aber schon die Künstler und Literaten der Romantik stehen für die

Es war dieser Blick auf die Felsen und die Burg Are bei Altenahr, der um 1830 die Reisenden vom Rhein weg entlang der Ahr ein Stück weit in die Eifel lockte. „Niederrheinische Schweiz" adelte man diese Landschaft. Heute bietet der viel begangene Rotweinwanderweg hier einen beliebten Rastplatz.

emotionale Aufladung der Eifel-Landschaften Pate. Ihre Seelenlandschaften bilden bis heute das Erfolgsmodell der Tourismuswerbung in Bild und Wort – überall und erst recht in der Eifel!

Im Sog der Rheinromantik

Im zeitlichen und räumlichen Umfeld der Rheinromantik entdecken Maler und Literaten wandernd die angrenzenden Mittelgebirge, vor allem die Eifel. Etwa ab 1830 entstehen zahlreiche Gemälde und Reisebeschreibungen, die neue Besucher in dieses unbekannte Land locken, das noch lange den zweifelhaften Ruf eines „preußischen Sibirien" genießt. Der Ausbau der Straßen und die neue Dampfschifffahrt (1827 „Preußisch-Rheinische Dampfschiffahrts-Gesellschaft Köln") erlauben, dass die felsen- und burgenreichen Weinbaulandschaften an Ahr und Mosel zum Ziel von Tages- und Wochenendausflügen für die Bürger der wachsenden Städte im weiteren Umland werden. Noch sind es nur wenige, die den Weg in das Innere der Eifel finden. Von den etablierten Kurorten am Eifelrand, (Aachen, Bertrich und seit

Ausdrücklich zur Förderung des Tourismus wird 1925 bis 1927 der Nürburgring in der damals bitterarmen Hocheifel angelegt. Von seinem Mythos will der Eifeltourismus noch heute zehren. Das Motiv diente 1926 als Titelbild der Zeitschrift „Der Nürburgring".

1858 auch Neuenahr) ausgehend, gibt es durchaus Kutschfahrten in das weitere Umland. Die Vollendung der Eifel-Eisenbahn von Köln nach Trier 1871, der Bau mehrerer Stichbahnen ausgehend vom Rhein um 1880 wie auch die intensive Arbeit des 1888 gegründeten Eifelvereins verhelfen der Region zu einem beträchtlichen Tourismuswachstum. Nicht nur die Dauner Maare, die Gerolsteiner Felsen und ab 1905 auch die Urfttalsperre ziehen an den Sommerwochenenden zahlreiche Besucher an. In Adenau werben 1911 bereits fünf Hotels (114 Betten), in Manderscheid vier Hotels (123 Betten), in Kyllburg fünf Hotels (283 Betten) und in Monschau acht Hotels (100 Betten) um Gäste. Da hat das „Rheinische Karlsbad" Neuenahr schon 21 Hotels mit über 1000 Betten. Im Unterschied zu anderen deutschen Mittelgebirgsregionen entwickeln sich in der Eifel jedoch keine ausgeprägten Sommerfrischen. Der aufkommende Wintersport bleibt touristisch bedeutungslos.

Tourismus sucht neue Wege

Trotz des Rückschlags durch den Ersten Weltkrieg und die Jahre der französischen Besatzung (bis 1930) setzt man den Ausbau des Tourismus fort. Neuenahr (ab 1927 Bad Neuenahr) hat seine adelige und großbürgerliche Klientel verloren und spricht mit Sozialkuren und Sportveranstaltungen eine neue, aber weniger vermögende Zielgruppe an. Der staatliche Bau der „Ersten Deutschen Gebirgs-,Renn- und Prüfungsstraße Nürburgring" 1925 –1927 dient ausdrücklich dem Ziel, einen „soliden Fremdenverkehr" in der Eifel heranziehen zu wollen. Zu den wenigen Rennen kommen zwar Hunderttausende, aber ansonsten bleibt der touristische Erfolg bescheiden. Die NS-Organisation *Kraft durch Freude* (KdF) rechtfertigt ihre Ausflugsprogramme in die Eifel auch mit einer Stärkung der „Grenzwacht" gegenüber Frankreich. Lässt sich die berüchtigte „Ordensburg Vogelsang", eine wichtige Kaderschmiede der NS-Ideologen oberhalb der Urfttalsperre, heute mit Tourismus vereinbaren? Neben einem Dokumentationszentrum des Ungeistes, der von diesem Platz ausging, soll hier künftig der Hauptanlaufpunkt des Nationalparks Eifel entstehen. Auch der „Westwall" und Reste der Abschusspodeste für Hitlers „Vergeltungswaffen" (V2) zählen zu den zweifelhaften Hinterlassenschaften der NS-Zeit in der Eifel. Deren Mystifizierung muss ein allgemeines und zugleich touristisches Konzept der historischen Aufklärung unbedingt verhindern.

Die dichte Lage der Eifel zu den großen Städten an Rhein und Ruhr gehört seit jeher zu ihren touristischen Standortvorteilen. Der Ausbau des Straßennetzes und die Massenmotorisierung, die sich in den beiden Jahrzehnten nach der Gründung der Bundesrepublik Deutschland einstellen, lassen die

Eifel zum „Vorgarten" Kölns und Düsseldorfs werden. Die Naherholung beim Sonntags- oder Wochenendausflug, die traditionell im Vordergrund des Eifeltourismus steht, bekommt eine neue Dimension. Gefördert vom Staat, entstehen bald in den bewährten Tourismusorten weitere Hotels, Pensionen und Privatquartiere, Gaststätten, Restaurants und Cafés. Maßnahmen zur Ortsbildverschönerung, der Bau von kleinen Parkanlagen, Spazierwegen und Aussichtspunkten verwandeln vielerorts das überkommene ärmliche Bild von Dörfern und Städtchen. Das Umfeld der Ende der 1930er-Jahre fertiggestellten Rurtalsperre, dort vor allem Rurberg und Woffelsbach, wird vom Tourismus dominiert. Heimbach wird 1974 Luftkurort, Gemünd 1978 Kneipp-Kurort. Aber auch Kyllburg (1960), Manderscheid (1963), Daun und Bad Münstereifel (1974) erhalten die staatliche Anerkennung als Heilklimatische Kurorte oder Kneipp-Kurorte/Heilbäder. Bollendorf, Prüm, Gerolstein, Stadtkyll, Nürburg, Marmagen, Nideggen und andere dürfen sich mit den gleichen Titeln schmücken.

Der Rursee gehört seit über 50 Jahren zu den bedeutenden touristischen Zielen in der Eifel. Neuerdings verstärkt der „Nationalpark Eifel" noch die Attraktivität der Nordwest-Eifel.

Wandel auf allen Ebenen

Die neue Idylle lenkt vom radikalen Rückgang und Strukturwandel in der Eifellandwirtschaft ab. Ausgedehnte Wochenendhausgebiete und Campinganlagen greifen in den 1960er-Jahren in die Außenbereiche mancher Siedlungen ein. Flurbereinigungen und Extensivierungen prägen weite Landschaften. Im Weinbau des Ahrtals bereiten sie jedoch auch den Weg zu einer Verbesserung der Produktqualität. Wein und Tourismus gehen hier eine symbiotische Verbindung ein, von der beide Seiten profitieren. Sichtbarster Ausdruck dieser Entwicklung ist der große Publikumserfolg des 1972 geschaffenen *Rotweinwanderwegs* zwischen Altenahr und Bad Bodendorf. Dagegen haben es viele gewerbliche Betriebe schwer, sich in der Eifel zu halten. Sie beklagen eine zu einseitige Förderung des Tourismus und die Vernachlässigung ihrer Standortinteressen fernab der industriellen Zentren, beispielsweise den seit mehr als zwei Jahrzehnten ausstehenden Lückenschluss der Autobahn 1. Die Zahl der Betriebsschließungen übersteigt die Zahl der Neuansiedlungen.

Staatliche Unterstützung begünstigt seit etwa den 1970er-Jahren im ganzen Eifelraum die Anlage größerer Feriendörfer, sei es bei Biersdorf am Bitburger Stausee, bei Waxweiler im Prümtal, bei Gerolstein der Felsenhof, bei Daun der Dronkehof, bei Stadtkyll im Wirfttal, am Kronenburger See, am Freilinger See bei Blankenheim oder am Heilbachsee bei Gunderath/ VG Kelberg. Zu den jüngsten Gründungen (2009) gehört das Feriendorf „Grüne Hölle" in Drees in Sichtweite des Nürburgrings, und gegenwärtig befindet sich im Nationalpark Eifel bei Heimbach das „Resort Eifeler Tor" im Bau. Häufig engagieren sich niederländische Investoren bei der Errichtung der Ferien- und Bungalowparks. So, wie Rheinländer gerne die Nordseestrände der Niederlande und Belgiens aufsuchen, erfreut sich die Eifel seit Langem der Sympathien ihrer westlichen Nachbarn. Gut 20 % aller Übernachtungen entfallen 2010 auf diese Gästegruppe, während die vielen Tagesgäste nicht zu erfassen sind. Eine grenzüberschreitende Zusammenarbeit im Naturschutz und in der touristischen Erschließung des Eifel-Ardennen-Raums ist seit Gründung der Europäischen Wirtschaftsgemeinschaft 1957 an die Stelle unseliger Feindbilder der Vergangenheit getreten. Die „Europäische Vereinigung für Eifel und Ardennen" weist 1960 „Die grüne Straße" als Touristenstraße von Rethel (Frankreich) über den Nürburgring bis Sinzig an den Rhein aus. Der 1958 gegründete „Naturpark Südeifel" wird 1964 zum „Deutsch-Luxemburgischen Naturpark", der 1960 gegründete „Naturpark Nordeifel", 1969 um rheinland-pfälzische Teile erweitert, geht 1971 im „Deutsch-Belgischen Naturpark Hohes Venn – Eifel" auf.

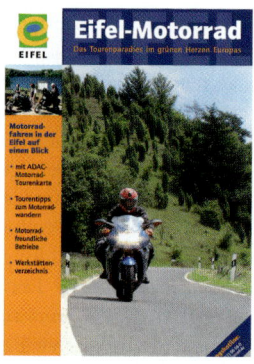

Die gesamte Eifel in einem touristischen Katalog, Wander-, Radfahr-, Motorrad-, Wohnmobil-, Camping- und Reitmagazine auch in niederländischer Sprache: Die Eifel Tourismus GmbH bündelt alle Kräfte für einen erfolgreichen Auftritt auf einem umkämpften Markt.

Professionelle Vermarktung

Auf der Grundlage der von den Krankenkassen getragenen Sozialkuren erleben die Badeorte Neuenahr und Münstereifel (1967 „Bad") ab 1950 fast drei Jahrzehnte steigender Nachfrage. Mehrere Reformen des Gesundheitswesens seitdem lassen die Übernachtungszahlen schrumpfen und zwingen zu neuen Konzepten. Mit „Wellness" in unterschiedlichen Spielarten wirbt man um den selbst zahlenden Gast. Das gilt für alle deutschen Badeorte. Genauso

Bad Neuenahr-Ahrweiler: Bis heute konzentrieren sich die Kurgebäude und Parks von Bad Neuenahr entlang des grünen Bandes, welches, den Lauf der Ahr begleitend, den Talboden teilt. Der größte Kurort von Rheinland-Pfalz und zugleich Spitzenreiter im Tourismus der Eifel profitiert so von der Weitsicht seines Gründers, Georg Kreuzberg, der in den 1850er-Jahren die Korrektion der Ahr für umfassende Grundstückskäufe nutzte.

trifft das Aufkommen des Massentourismus mit seinen Urlaubszielen an den Mittelmeerstränden alle deutschen Mittelgebirge. Insofern erlebt auch die Eifel nach Jahren des touristischen Wachstums eine Phase des Rückgangs und der Neuorientierung. Kyllburg verzichtet seit 2005 auf seinen Titel „Kneipp-Kurort", in Gemünd und Bad Münstereifel gibt es zeitweise ähnliche Erwägungen, Bad Bodendorf (1972 „Bad") ringt um den Erhalt seines Prädikats. Mit Tagesgästen hat die Eifel – im Norden mehr als im Süden – schon immer das meiste Geld verdient. Deren Bedeutung steigt jetzt noch, denn die Aufenthalte der Übernachtungsgäste werden kürzer. Zweiturlaub und Wochenendtourismus herrschen vor. Ähnlich dem Strukturwandel in der Landwirtschaft mit seinem Schwund der Klein- und Kleinstbetriebe geben viele Privatvermieter, Betreiber von Pensionen und kleineren Hotels ihr touristisches Engagement auf. Oft genügen ihre Angebote nicht mehr den gewachsenen Ansprüchen der Gäste, und Investitionen in Modernisierungen überfordern ihre Möglichkeiten. Der Trend zu größeren, professionell geführten Betrieben, die sich an internationalen Standards orientieren, ist unverkennbar.

Damit ändern sich auch die Organisationsformen der Vermarktung: Örtliche Verkehrsvereine und kommunale Zimmervermittlungen begeben sich jetzt unter das Dach kreisweit tätiger Organisationen, ohne ihre Selbstständigkeit aufzugeben. Bald schließen sich mehrere Kreise innerhalb des gleichen Bundeslandes zu gemeinsamer Werbung zusammen. Schließlich erfolgt 2002 die Gründung einer Ländergrenzen überschreitenden Organisation „Eifel Tourismus (ET) GmbH" mit Sitz in Prüm und Bad Münstereifel, der inzwischen neun Landkreise und 43 Kommunen angehören. Sie präsentieren sich in 22 Ferienregionen. Zusammen mit der Organisation „Ahrtaltourismus", die unter der Führung von Bad Neuenahr-Ahrweiler den Tourismus von den Quellen des Flusses in Blankenheim bis zu seiner Mündung in den Rhein koordiniert, deckt ET fast die gesamte Eifel ab.

Das Weinfelder- oder auch Totenmaar genannte vulkanische Phänomen bei Daun zählt zu den berühmtesten touristischen Zielen der Eifel. Kunst, Sagen und Literatur haben ihm zu seinem besonderen Rang verholfen, sodass es geradezu als ein Wahrzeichen der Eifel gilt.

Geo- und Vulkanparks

Zu den wichtigsten Neuerungen im Tourismus des rheinland-pfälzischen
Teils der Eifel zählt der Nationale Geopark Vulkanland Eifel, der 2005 aus
dem Zusammenschluss des „Vulkaneifel European Geopark" (1992) in der
Westeifel mit den beiden Vulkanparks Brohltal/Laacher See (1994) und
Osteifel (1996) hervorgeht. Zahlreiche fußläufige Geopfade werden durch
Vulkanparkrouten und die Deutsche Vulkanstraße (2006) für Autoausflü-
ge ergänzt. Jetzt werden die vulkanischen Phänomene und historischen
Spuren ihrer Nutzung nicht mehr nur als lokale Attraktionen beworben,
sondern eine ganze Region versammelt sich unter diesem Leitmotiv. Neben
die Klassiker Laacher See, Dauner Maare und Mosenberg treten als bisher
weniger bekannte Ausflugsziele die Wingertsbergwand, das Mayener Grubenfeld, der Mendiger Lavakeller und andere Punkte in der Landschaft.
Hinzu kommen statt eines großen, zentralen, vulkanologisch orientierten
Informationszentrums mehrere kleinere naturhistorische Museen (unter
anderem in Andernach, Mendig, Plaidt/Saffig, Mayen, Daun und Manderscheid), alles aus öffentlichen Mitteln finanziert. Der so geförderte Geoto-
urismus steht allerdings im Interessenkonflikt mit der Steine verarbeitenden
Industrie, die ihre Rohstoffpotenziale gefährdet sieht. Der 2010 geschaffene
Naturpark Vulkaneifel strebt eine sich gegenseitig ergänzende, harmonische
Kombination aus Geopark, Kulturlandschaftspflege, Tourismus- und Ge-
sundheitsregion an.

Dabei gleicht es einer Herkulesaufgabe, die nicht selten widerstreitenden
Interessen kleiner und großer Gastgeber, Kommunen und Landkreise, nationaler und internationaler Kunden, Umwelt- und Wirtschaftsverbände und
so weiter zu effektiven Konzepten zu bündeln. Ermutigt durch den Erfolg
der „Eifel Tourismus GmbH" sieht man die Chancen eines gemeinsamen,
länderübergreifenden Auftritts verschiedener Wirtschaftszweige unter der
„Regionalmarke Eifel". So startet 2005 die „Zukunftsinitiative Eifel", die
Netzwerke aus den Bereichen Kultur und Tourismus, Wald und Holz, Landwirtschaft, Handwerk und Gewerbe sowie Technologie und Innovation
schaffen will. Synergieeffekte und die Einhaltung geprüfter Qualitätsstan-
dards gehören zum Konzept, zum Beispiel hochwertige Produkte der heimischen Landwirtschaft in der professionellen Gastronomie („Genuss-Region
Eifel") zu verarbeiten, die Kombination von Naturerlebnissen mit kulturellen Aspekten anzubieten, zum Beispiel Kunst im Nationalpark, Konzerte im
Vulkanpark („Natur- und Kultur-Region Eifel") sowie die Zusammenarbeit
von Kliniken und Sanatorien mit dem Tourismus („Gesundheits-Region
Eifel") zu fördern.

Kultur und Konversion

Nordrhein-Westfalens Anteil an der Eifel erlebt ebenfalls einen fundamentalen Impuls mit erhofften touristischen Nebeneffekten: Dass es überhaupt den Nationalpark Eifel gibt, ist dem Umstand der Konversion zu verdanken. Der nach dem Zweiten Weltkrieg bis 2005 zunächst von englischen, dann belgischen Soldaten betriebene große Truppenübungsplatz Vogelsang an der Urft-Talsperre bildet den Grundstock dieses in erster Linie der Renaturierung gewidmeten Projekts (Motto: „Natur Natur sein lassen"), das aber auch eine touristische Attraktion für die gesamte Eifel sein soll. Unter militärischen Standorten der Bundeswehr und US-Armee hat der Eifeltourismus ebenso gelitten wie von ihnen profitiert. Niemand wird weniger Lärm durch Kampfjets bedauern, aber die Angehörigen der Streitkräfte fehlen nach der Schließung von Standorten auch als Gäste in touristischen Einrichtungen.

Der 2009 eröffnete Premiumwanderweg „Eifelsteig", 313 km lang zwischen Kornelimünster und Trier, lässt die landschaftliche Vielfalt der Eifel zum Erlebnis werden. Er erschließt einen Nationalpark, drei Naturparke und zugleich eine uralte Kulturlandschaft mit Spuren aus allen Epochen.

Auf der 1994 aufgegebenen Air Base Bitburg ist ein großer Gewerbe- und Freizeitpark entstanden. Die privaten Betreiber des Flughafens möchten neben beabsichtigten Frachtflügen in einigen Jahren auch Passagierflüge anbieten. Es gehört zur Ironie der Geschichte, dass aufgegebene Militärflughäfen unweit der Eifel (Frankfurt-Hahn im Hunsrück, Düsseldorf-Weeze am Niederrhein) heute von Billigflügen zu touristischen Zielen fernab der Eifel und des Rheinlands leben. Inzwischen stillgelegte Bahntrassen, die vor 100 Jahren den Aufmarsch gegen Frankreich erleichtern sollten, erfreuen sich jetzt als Radwanderwege großer Beliebtheit. Die „Dokumentationsstätte Regierungsbunker" im Mittleren Ahrtal ist also wirklich nicht das einzige touristische Abfallprodukt der Konversion in der Eifel.

Wandern, Wein und Wellness

Der 2009 eröffnete Premiumwanderweg Eifelsteig, 313 km lang zwischen Kornelimünster und Trier, verbindet öffentlichkeitswirksam alle Teile der Eifel. Mit dem kurz vor der Fertigstellung stehenden, rund 100 km langen Ahrsteig von Blankenheim bis Sinzig ergibt sich eine Vernetzung zum Rheinsteig. Damit wird das bewährte Wegesystem, das der Eifelverein in rund 125 Jahren aufgebaut hat, um attraktive Fernwanderwege ergänzt. Hinzu kommen ausgebaute Radwanderwege zum Beispiel entlang von Erft, Ahr, Kyll und von den Maaren bis zur Mosel.

Wandern, Radwandern, Wein und Gesundheit – das sind die Kernfelder der „Tourismusstrategie 2015" von Rheinland-Pfalz. Der Blick auf die Eifel zeigt, dass hier alle vier Bereiche nicht erst angepackt werden müssen. Mit Premiumwanderwegen, Fernradwegen, dem Qualitätsweinbau im Ahrtal und dem deutschen Spitzenbadeort Bad Neuenahr-Ahrweiler ist man touristisch gut aufgestellt. Zudem besitzt man mit dem Nationalen Geopark, Nationalpark und dem weltberühmten Nürburgring beachtliche Alleinstellungsmerkmale im Wettbewerb der deutschen Landschaften um Besucher. Mit über Jahrzehnte beständiger Unterstützung durch staatliche Mittel ist Tourismus zu einem wesentlichen Faktor in der Eifel geworden, der das Bild der Landschaft, die Lebensweise ihrer Einwohner und die Struktur der Wirtschaft stark verändert hat. Er unterstützt auch in Zeiten des demographischen Wandels die Aufrechterhaltung einer guten Infrastruktur für alle, die sich in der Eifel zuhause fühlen.

„Urlaub in der Eifel. Natur pur erleben!" So werben die Tourismusprofis. Rational betrachtet, müsste man sagen: „Ausflüge und Kurzurlaub in der Eifel. Kultur pur erleben!" Aber wer bleibt schon rational, wenn es um den eigenen Urlaub geht?

Der Nürburgring – Attraktion und Provokation

Auch wer sonst nichts über die Eifel weiß – der Nürburgring wird Vielen ein Begriff sein, in Deutschland und sogar weltweit. Die „grüne Hölle", Silberpfeile, Caracciola, Niki Lauda oder Michael Schumacher wecken Assoziationen, die im kollektiven Gedächtnis fest verankert sind. Im Verlauf von bald 90 Jahren hat sich der Nürburgring zum „Mythos Nürburgring" verdichtet. Alljährlich strömen riesige Menschenmassen in die karge Hocheifel, wenn das 24-Stunden-Rennen, Der große Preis von Deutschland oder „Rock am Ring" anstehen. Aber schon wenige Tage nach den Großveranstaltungen kann man sich kaum noch vorstellen, was sich hier ereignet hat. Nur an den Sommerwochenenden rollen Scharen von Motorradfahrern über die kurvenreichen Eifelstraßen. Sie versammeln sich mit weiteren Freunden

des Rennsports an „ihrem Ring", der alten Nordschleife des Nürburgrings, und beobachten die Aktionen der Hobbyrennfahrer. Wochentags herrscht gähnende Leere allerorten. Der Nürburgring gehört dann nicht mehr der Welt, die Eifel hat ihn wieder für sich und die restlichen 300 Tage des Jahres. Der Mythos jedoch wird dafür sorgen, dass er erneut zum Ziel der Sehnsucht nach Erlebnissen und großen Gefühlen wird. Und was geschieht unterdessen? Wie verträgt sich der Mythos der Großevents mit den Banalitäten des Alltags hier in der Eifel, wo sie am höchsten ist, die Sommer kürzer und kühler, die Winter rau und scheinbar endlos sind?

Der Wegweiser am Markt in Adenau zeigt nicht nur, wer die Konkurrenten im Rennsport sind, sondern auch, dass man hier dem Nürburgring ganz nahe ist.

Warum gerade hier?

Die meisten, die über den Nürburgring schreiben, konzentrieren sich auf den Rennsport. Was der Betrieb auf der Rennstrecke für die Einheimischen in der Hocheifel bedeutet, sprechen sie kaum an. Das ist verständlich. Die Fans kommen ja auch nicht wegen der Einheimischen! Warum es diesen Kurs überhaupt und ausgerechnet in der Hocheifel gibt, lässt sich nicht einfach erklären und hat nichts mit Mythen zu tun. Man muss über 100 Jahre zurückschauen. Und so spielen „Attraktion und Provokation" in der Kapitelüberschrift nicht in erster Linie auf den gegenwärtig umstrittenen touristischen Ausbau des Nürburgrings zu einem ganzjährigen „Freizeit- und Businesszentrum" an („Nürburgring 2009"). Vielmehr verweisen sie auf den sensationellen und zugleich exotischen Charakter, den die Idee zum Bau dieser Rennstrecke schon von Beginn an seit 1925 hat. Für den Eifelverein ist sie eine Versündigung an der beschworenen Eifel-Romantik, eben eine Provokation. Dem steht der massenhafte Zustrom der Besucher entgegen, Jahr für Jahr seit der Eröffnung des Nürburgrings am 18. Juni 1927. Für diese Scharen ist die Rennstrecke eine Attraktion. Ein Rückblick auf die Geschichte verdeutlicht das Geflecht von Motiven, das dem Bau des Nürburgrings zugrundeliegt und überraschenderweise bis heute Gültigkeit besitzt.

Überall Strukturprobleme

Wenn die Eifel im 19. Jahrhundert den zweifelhaften Ruf eines „preußischen Sibirien" genießt, deutet das auf erhebliche wirtschaftliche Schwächen dieser Region hin, verbunden mit einem rauen Klima. Abseits der industriellen Entwicklung an Niederrhein und Ruhr erlebt die Eifel damals den Untergang ihrer traditionellen Gewerbe. Das rasche Wachstum der Bevölkerung und die herrschende Realerbteilung der bäuerlichen Betriebe führen zu Hofgrößen, von denen die großen Familien nicht mehr leben können. Noch ist die Eifel kaum von wetterfesten Straßen und Eisenbahnlinien erschlossen. Auch der von Preußen 1883 eingerichtete „Eifelfonds" zur Verbesserung der Agrarstruktur verringert nur unwesentlich die beträchtliche Abwanderung. Der 1888 gegründete Eifelverein setzt als Hilfsmaßnahme auf die Begründung des Tourismus. Die wirtschaftliche Abgeschiedenheit der Eifel wird fortan als landschaftliche Idylle gepriesen und in Malerei und Literatur entsprechend unterfüttert. Aber der Erfolg bleibt bescheiden. Jedoch gibt es schon 1907 erste Überlegungen zur Errichtung einer Autorennstrecke in der Eifel, speziell im Raum um Adenau. Der Kaiser selbst und die wachsende Autoindustrie betonen das nationale Interesse an einer derartigen Strecke

Start und Ziel des Nürburgrings 1930: Einmal abgesehen von Änderungen im Detail hat sich dieses Bild im Prinzip bis zum Beginn des Neubaus der Kurzrennstrecke 1982 gehalten. Heute besteht noch das historische Fahrerlager (Vordergrund) und eines der Verwaltungsgebäude am Eingang.

zur Steigerung des internationalen Prestiges der eigenen Produkte. Die Pläne zerschlagen sich bald. Der Erste Weltkrieg 1914–1918 tut ein Übriges, die Eifel ökonomisch wieder zurückzuwerfen.

Rettung durch die Rennstrecke

Der Landkreis Adenau zählt anfangs der 1920er-Jahre mit seiner hohen Arbeitslosigkeit reichsweit zu den ärmsten Gebieten. Am Rande des „Eifelrennens" 1924 bei Nideggen kommt erneut die Idee zu einer Rennstrecke im Bereich Nürburgs und Adenaus auf. Der Gemeindevorsteher von Nürburg, der Bonner Pächter der dortigen Gemeindejagd und ein Mitglied des Adenauer Kreistags finden für ihre Idee im Gau Rheinland des ADAC und bei dem neuen Landrat des Kreises Adenau, Dr. Otto Creutz, Unterstützung. Creutz entwickelt den Plan einer vom öffentlichen Verkehr unabhängigen „Gebirgs-, Renn- und Prüfungsstraße". Sie solle der Autoindustrie und dem Straßenbau als Testgelände, dem Rennsport als prestigeträchtiges Aushängeschild und insgesamt als touristischer Magnet für die Hocheifel dienen. „Die einzige Möglichkeit, die wirtschaftliche Lage der Bevölke-

rung zu verbessern, ist die Heranziehung eines soliden Fremdenverkehrs", heißt es 1925 im Verwaltungsbericht des Kreises Adenau. Als „Produktive Erwerbslosenfürsorge" vom Deutschen Reich und Preußen unterstützt, entsteht nun in nicht einmal zwei Jahren der ca. 29 km lange Nürburgring aus „Nordschleife" (22,810 km), „Südschleife" (7,747 km) und „Start-/ Zielschleife" (2,292 km). Über 2000 Menschen haben durch den Bau vorübergehend Arbeit. Der Zustrom der Besucher der Rennen übersteigt von Beginn an die Möglichkeiten ihrer Beherbergung und Versorgung in den kleinen Dörfern des Nürburgring-Umfeldes. Diesem Umstand verdanken die Einheimischen bis heute eine Fülle von Nebenverdiensten, sei es im Angebot von Schlaf- und Zeltplätzen, sei es an Getränkeständen und so weiter. Die wenigen Großveranstaltungen und der in den langen Wintern zum Erliegen kommende Betrieb auf der Rennstrecke erweisen sich jedoch für umfangreiche private Investitionen in das Hotel- und Gaststättengewerbe als nicht attraktiv. Zudem kommen die meisten Besucher als Tagesgäste, bis in die 1960er-Jahre vor allem mit Sonderzügen aus dem Ballungsraum Rhein-Ruhr (Adenau hatte deshalb zwei Bahnhöfe!), dann verstärkt mit ihren eigenen PKW. Weil sich der Kreis Adenau mit dem Bau der Rennstrecke finanziell übernommen hat, fällt der Nürburgring schon 1928 weitgehend in den Besitz von Reich, Land und Rheinprovinz. Schließlich geraten 1933 die von Autoindustrie, ADAC und AvD noch gehaltenen restlichen 20 % infolge ihrer zwangsweise erfolgten Auflösung an den NS-Staat. Nur mit Steuergeldern in Millionenhöhe lässt sich von Jahr zu Jahr die Strecke halten. Das interessiert aber die Hunderttausende nicht, die ihren Idolen in den Silberpfeilen zujubeln. Dem NS-Staat bietet der Nürburgring bis zum Kriegsbeginn 1939 eine populäre Kulisse für seine Selbstdarstellung in Paraden und Kundgebungen. Während der Kriegsjahre 1939–1945 verfällt die Rennstrecke.

Neustart nach dem Zweiten Weltkrieg

Es ist die französische Besatzungsmacht, die schon im Mai 1947 den Nürburgring für ein internationales Wagenrennen des Automobil-Clubs von Frankreich nutzen will. Das Rennen kommt zwar nicht zustande, löst aber im Vorfeld umfangreiche Reparaturarbeiten an der Rennstrecke und auf den Zufahrtsstraßen in der Eifel aus. Zunächst finanziert das neue Bundesland Rheinland-Pfalz Wiederaufbau und Betrieb des Nürburgrings alleine, erhält aber ab 1952 die Unterstützung der Bundesrepublik Deutschland und teilt sich mit ihr die Kosten bis 1981. Der Kreis Ahrweiler, in dem der 1932 aufgelöste Kreis Adenau aufgegangen ist, hält nur einen winzigen Anteil.

Sieger des „Großen Preises von Deutschland / Europa / Luxemburg" auf dem Nürburgring

Gesamtstrecke (Nord- und Südschleife)	
1927	Otto Merz
1928	Rudolf Caracciola, Christian Werner
1929	Louis Chiron
Nordschleife	
1931	Rudolf Caracciola
1932	Rudolf Caracciola
1934	Hans Stuck
1935	Tazio Nuvolari
1936	Bernd Rosemeyer
1937	Rudolf Caracciola
1938	Richard Seaman
1939	Rudolf Caracciola
1950	Alberto Ascari
1951	Alberto Ascari
1952	Alberto Ascari
1953	Dr. Giuseppe („Nino") Farina
1954	Juan Manuel Fangio
1956	Juan Manuel Fangio
1957	Juan Manuel Fangio
1958	Tony Brooks
Südschleife	
1960	Joakim Bonnier
Nordschleife	
1961	Stirling Moss
1962	Graham Hill
1963	John Surtees
1964	John Surtees

1965	Jim Clark
1966	Jack Brabham
1967	Denis Hulme
1968	Jackie Stewart
1969	Jacky Icks
1971	Jackie Stewart
1972	Jacky Icks
1973	Jackie Stewart
1974	Clay Regazzoni
1975	Carlos Reutemann
1976	James Hunt
Kurzstrecke	
1984	Alain Prost*
1985	Alain Prost*
1986	Alain Prost*
1995	Michael Schumacher*
1996	Jacques Villeneuve*
1997	Jacques Villeneuve**
1998	Mika Häkkinen**
1999	Johnny Herbert*
2000	Michael Schumacher*
2001	Michael Schumacher*
2002	Rubens Barrichello*
2003	Ralf Schumacher*
2004	Michael Schumacher*
2005	Fernando Alonso*
2006	Michael Schumacher*
2007	Fernando Alonso*
2009	Mark Webber
2011	Lewis Hamilton

* Großer Preis von Europa
** Großer Preis von Luxemburg

Tatsächlich findet das erste (Motorrad-) Rennen nach dem Zweiten Welt-krieg am 17. August 1947 statt, das erste Autorennen am 22. Mai 1949. Wie vor den Kriegsjahren erfreut sich der Nürburgring in den folgenden Jahrzehnten anlässlich der großen Rennen eines riesigen Zustroms seiner Besucher. Nach den Renntagen wird es in der Hocheifel wieder sehr ruhig. Nur durch seine Funktion als Teststrecke für die Autoindustrie und durch seine Freigabe für touristische Rundfahrten zieht der Nürburgring dann noch einige Neugierige an. Die weitaus meisten Dörfer entwickeln sich daher nicht zu Fremdenverkehrsorten. Größere private Investitionen in das Tourismusgewerbe bleiben fast vollständig aus. Der Staat beschränkt sich auf die Übernahme der Betriebskosten der Rennstrecke, was ihn in wachsendem Maße fordert. Nach einem Boykott des „Großen Preises von Deutschland" 1970 durch die Formel-1-Rennfahrer, welche die mangel-haften Sicherheitseinrichtungen beklagen, erfolgt bis 1976 ein millionen-schwerer Umbau des im internationalen Vergleich ungewöhnlich langen und hügeligen Kurses. Dennoch hält die Kritik der Fahrer an, und nach dem schweren Unfall Niki Laudas beim „Großen Preis" am 1. August 1976 ist das Ende des klassischen Nürburgrings besiegelt. Wie also soll es wei-tergehen?

Umbau durch Ausbau

Im Grunde genommen wiederholt man jetzt die Argumente, die schon 1925 den Bau des Nürburgrings gerechtfertigt haben. Die Hocheifel gilt noch immer als strukturschwach, und die Rennstrecke soll auch künftig der Autoindustrie, dem Rennsport und als touristischer Leuchtturm die-nen. Nach intensiver Diskussion einigen sich Bund und Land 1981 auf den Neubau einer 4,5 km langen Kurzstrecke für die Grand Prix-Rennen, die man zwischenzeitlich an den Hockenheim-Ring verloren hat. Der Bund gibt zugleich seine Besitzanteile am Nürburgring auf. Seit 1984 steht der Kreis Ahrweiler mit 10 % als Eigentümer neben Rheinland-Pfalz. Am 12. Mai 1984 wird der „neue" Nürburgring (2002 auf 5,148 km verlängert) eröffnet. Die alte „Nordschleife" (20,832 km) bleibt jedoch für Sportwa-genrennen – nicht für die Formel-1 – und für Touristenfahrten weiter in Betrieb. Zug um Zug entstehen in den Folgejahren sowohl touristische Einrichtungen, Rennsportmuseum, Cartbahn, Hotel, „Erlebniswelt" und so weiter, als auch neue Veranstaltungen (Rock am Ring, Rad am Ring, Rad & Run am Ring und so weiter). Sie sollen dem Nürburgring und der Hocheifel unabhängig von den großen Rennen Gäste zuführen. Der „große Wurf", mit einem Schlag eine ganzjährig wetterfeste Freizeitanlage

Seit 1970 gehört das 24-Stunden-Rennen zu den Höhepunkten am Nürburgring. Während der Tage der Vorbereitung und des Rennens finden sich Jahr für Jahr zigtausend Besucher auf den Tribünen oder, was zum Flair dieses Rennens gehört, entlang der Nordschleife ein. Zelten in den angrenzenden Wäldern, bei jedem Wetter, und der „Hauch von Freiheit" zeichnen diese Tage aus. Mit einer Erweiterung des Programms will man die touristische Auslastung des Nürburgrings steigern. Seit 1985 kommen zigtausend Fans zu „Rock am Ring", seit 1986 zum „Truck-Grand-Prix", seit 2003 zu „Rad und Run am Ring".

„Motorland" in futuristischer Architektur an Start/Ziel des Nürburgrings platzieren zu wollen, scheitert 1990 am mangelnden Interesse privater Investoren. Während in Adenau der Tourismus in Angebot und Nachfrage stagniert beziehungsweise schrumpft, wächst er in dem kleinen Nürburg von 398 Gästebetten in 16 Betrieben im Jahr 1980 auf 792 Betten in 14 Betrieben in 2007. Die Gäste- und Übernachtungszahlen haben sich in diesem Zeitraum vervierfacht: 43 406 Gäste mit 80 979 Übernachtungen im Jahr 2007. Trotz einer Vielzahl von staatlichen Investitionen in den touristischen Ausbau des Nürburgrings entwickelt sich der Betrieb der Rennstrecke, nicht zuletzt infolge beträchtlicher Lizenzgebühren an die Veranstalter der Formel-1-Rennen, zunehmend defizitär.

Der ganz neue Ring

2004 kommt deshalb der Plan für eine „Erlebnisregion Nürburgring" auf, der sich 2007 zum Projekt „Nürburgring 2009" konkretisiert. Jeweils zur Hälfte privat und staatlich finanziert, will man bis zum Formel-1-Rennen 2009 ein

Der neue Nürburgring: Beträchtliche Baumassen entlang der Start-Ziel-Geraden prägen seit 2009 das Bild. Manche Einrichtungen der für den Ganzjahresbetrieb vorgesehenen Bauten erweisen sich inzwischen als zu groß. Außerhalb der Spitzenereignisse auf der Rennstrecke bleiben die Kapazitäten bei weitem nicht ausgelastet, zumal während der Wintermonate.

„ganzjähriges Freizeit- und Businesszentrum" mit Attraktionen, Arenen, Geschäften, Hotels, Gaststätten und einem Feriendorf errichten. Wenige Tage vor der Eröffnung des Riesenprojektes am 9. Juli 2009, das ursprünglich 215 Millionen Euro kosten soll und schließlich mehr als 330 Millionen Euro kostet, muss die rheinland-pfälzische Landesregierung eingestehen, dass sich kein privater Investor gefunden hat. Das dubiose Finanzierungskonzept zwingt einen Landesfinanzminister zum Rücktritt, und bald muss auch der Geschäftsführer der Nürburgring GmbH seinen Stuhl räumen. Die Eigentumsverhältnisse am Nürburgring werden neu geregelt: Rheinland-Pfalz ist seit Mai 2010 fast alleiniger Inhaber aller Liegenschaften und gibt den Betrieb der gesamten Anlagen (Grand Prix-Strecke, Nordschleife und Freizeitanlage, Hotels, Gastronomie, Feriendorf) an die private „Nürburgring Automotive GmbH" ab, die zu gleichen Teilen von dem Hotelier Jörg Lindner und seinem Partner Kai Richter geführt wird. In der Öffentlichkeit stößt diese Lösung auch auf Kritik, weil sie die Interessen der eingesessenen Hotellerie und der Rennsportfreunde der klassischen Nordschleife berührt. Im Februar 2012 kündigt das Land Rheinland-Pfalz das Pachtverhältnis mit der „Nürburgring Automotive GmbH" und strebt eine Neuausschreibung des Betriebs der Rennstrecken und Freizeitanlage an. Zurzeit schweben noch einige juristische Verfahren auf EU-, Bundes- und Landesebene, und ein „Runder Tisch" bemüht sich, das zerschlagene Porzellan zu kitten.

Eher ernüchternd

Die touristische Saison 2010 erlaubt eine erste Bilanz nach der weitgehenden Fertigstellung des Großprojekts „Nürburgring 2009": Das Dorf Nürburg zählt bei 165 Einwohnern jetzt 1328 Gästebetten in 17 Betrieben; 72 339 Gäste haben dem Standort 128 863 Übernachtungen eingebracht. Was bedeuten diese Zahlen im Vergleich zur letzten Saison vor den Baumaßnahmen (2007)? Das Bettenangebot hat sich um ca. 67 % vergrößert, die Gästezahl ist um fast den gleichen Prozentsatz gestiegen, die Übernachtungen aber nur um 59 %. Damit ist die Auslastung im Ort sogar etwas schlechter als vor dem Umbau. In der Umgebung (zum Beispiel Adenau, Wiesemscheid, Vordereifel) und selbst innerhalb Nürburgs ist die Nachfrage rückläufig, weil viele Gäste offensichtlich das neue Angebot direkt an Start/Ziel bevorzugen. Was Kritiker des Projekts „Nürburgring 2009" schon früh eingeworfen hatten, bestätigen jetzt die Betreiber der riesigen Anlage: Wesentliche Teile (zum Beispiel Arena, Event Center, Boulevard) sind zu groß geraten und lassen sich in dieser Form nicht wirtschaftlich betreiben. Wer wünschenswerte Umbauten bezahlen soll, bleibt bisher offen. Ebenso

Es läuft nicht immer glatt

Zu den traurigen Begleitumständen des „Mythos Nürburgring" gehören seit Jahrzehnten die relativ häufigen, schweren Auto- und Motorradunfälle, wenn die meistens privaten Fahrer auf der Rennstrecke oder mehr noch auf den öffentlichen Straßen der Umgebung ihr Können überschätzen. Da erweisen sich auch immer wieder gesteigerte Sicherheitsmaßnahmen und Warnungen als vergeblich. Manche Rennsportfans betonen zwar wiederholt ihr Wissen um die Risiken ihres Hobbys, aber was es für die Rettungskräfte bedeutet, Verletzte oder Tote zu bergen, sprechen sie nicht an.

Im Schatten der Nürburg leben keine 200 Einwohner. Die Rennstrecken bringen viel Leben in das kleine Dorf. Dennoch sehen nicht Wenige die riesigen, vornehmlich staatlich finanzierten Investitionen an Start/Ziel als Wettbewerbsverzerrung gegenüber den kleineren privaten gastronomischen Betrieben hier, in den benachbarten Dörfern und Adenau.

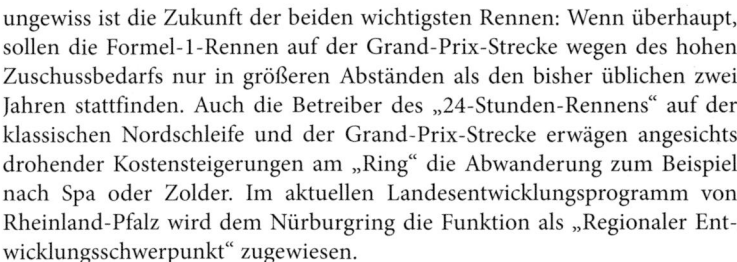

ungewiss ist die Zukunft der beiden wichtigsten Rennen: Wenn überhaupt, sollen die Formel-1-Rennen auf der Grand-Prix-Strecke wegen des hohen Zuschussbedarfs nur in größeren Abständen als den bisher üblichen zwei Jahren stattfinden. Auch die Betreiber des „24-Stunden-Rennens" auf der klassischen Nordschleife und der Grand-Prix-Strecke erwägen angesichts drohender Kostensteigerungen am „Ring" die Abwanderung zum Beispiel nach Spa oder Zolder. Im aktuellen Landesentwicklungsprogramm von Rheinland-Pfalz wird dem Nürburgring die Funktion als „Regionaler Entwicklungsschwerpunkt" zugewiesen.

Versucht man also ein Fazit über die vergangenen beinahe 90 Jahre zu ziehen, zeigt sich die Komplexität der staatlichen Idee, mit einer Rennstrecke der wirtschaftlichen Schwäche der Hocheifel zu einer Stärkung verhelfen zu wollen. Es besteht das Paradoxon, auf der einen Seite eine innerhalb weniger Jahre weltberühmt gewordene Attraktion mit jährlich kurzzeitig einigen hunderttausend Besuchern geschaffen zu haben, auf der anderen Seite jedoch eine im Jahresverlauf nur unbefriedigende Auslastung aller touristischen Kapazitäten vor Ort hinnehmen zu müssen. Dass diese strukturellen Defizite im Tourismus durch regionalwirtschaftliche Effekte im Gefolge der Großveranstaltungen ausgeglichen würden, bildet seit Jahrzehnten die politische Rechtfertigung für das staatliche Engagement, ohne dass sich das im Detail wirklich nachweisen ließe. Im Verhältnis zu den Subventionen bleibt auch die Zahl der am Nürburgring dauerhaft Beschäftigten überschaubar. Wichtiger erscheint der Umstand, dass die im Verlauf der Jahrzehnte umfangreichen Investitionen in die Verkehrsinfrastruktur der Eifel, die den Massenansturm der Besucher bei den Großveranstaltungen bewältigen sollen, umgekehrt der einheimischen Bevölkerung zahlreiche Arbeitsplätze im Ballungsraum Rhein-Ruhr eröffnen. Insofern hat sich die wirtschaftliche Lage in den kleinen Dörfern der Hocheifel durch den Nürburgring eben doch verbessert, allerdings mehr mittelbar als unmittelbar. Es bleibt abzuwarten, ob Rennstrecke und Freizeitanlage nach den beträchtlichen staatlichen Investitionen künftig wirklich den Tourismus als Entwicklungsfaktor in der Region nachhaltig fördern. Der Nürburgring bedeutet in der Hocheifel eben Attraktion und Provokation zugleich!

6 Eifel-Alptraum

Krieg und Frieden in der Landschaft

Die Eifeler Landschaft erfreut nicht nur mit angenehmen Erinnerungsstücken aus ihrer vieltausendjährigen Kultur- beziehungsweise Territorialgeschichte. So, wie in einem Archiv Dokumente aus Kriegs- und Friedenszeiten bewahrt werden, finden sich auch in der Eifellandschaft zahlreiche Spuren ehemaliger militärischer Anlagen: Ringwälle und Burgen, Stadtmauern und Bastionen, Flughäfen und Abschussrampen für Raketen und selbst ein zeitweiliges „Führerhauptquartier". Sind schon die mit romantischem Flair umwobenen Burgruinen oftmals eindringliche Zeugnisse heftig und durchaus blutig ausgetragener Konflikte, empfindet der Besucher erst recht Beklemmungen und Betroffenheit bei Begegnungen mit den Relikten der jüngsten Vergangenheit oder der Zeitgeschichte. Auch davon hält die Eifel buchstäblich bemerkenswerte Anschauungsstücke bereit, deren ideologische Grundlagen völlig unterschiedlich sind.

Rassismus und Aggression in Beton – Geländedenkmal „Westwall"

Rund 630 km erstreckt sich der „Westwall" zwischen Basel und dem Niederrhein, bis hinauf nach Kleve, hat eine räumliche Tiefe bis zu 50 km und ist eine flächige Kombination verschiedener Elemente – von Bunkern, Schartenständen, Hohlgangsystemen, Panzerhindernissen und einer nachgelagerten Luftverteidigungszone mit entsprechender Infrastruktur. Überliefert und im Gelände bis heute auffindbar sind auch in der Eifel Bunkerreste und vor allem die als Panzersperren geplanten Höckerlinien – die auffälligen „Drachenzähne der Siegfriedlinie".

◄ „Ordensburg Vogelsang" mit dem Urftsee

Voraussetzung für den Baubeginn des „Westwalls" war die Umstellung des freien Arbeitsmarktes auf eine staatlich reglementierte Zwangsrekrutierung. Grundlage dafür war eine von Hermann Göring erlassene Dienstpflichtverordnung. Begleitet wurden die Baumaßnahmen ab Spätsommer 1939 von einem beispiellosen Propagandafeldzug, der seinen Niederschlag in zahlreichen Schriften, Gedichten, Liedern, Filmen und Funkreportagen fand und den Bau der Festungslinie als nationales Gemeinschaftswerk der „Frontarbeiter" aus allen Gauen des Reiches feierte, wobei manche Filmszenen gar nicht am „Westwall" gedreht worden sind.

Der „Westwall" war somit nicht nur eine bauliche Anlage zum Schutz von Waffentechnik, sondern ist untrennbar verbunden mit dem rassistischen Vernichtungskrieg gegen die Völker des Ostens; er bildete den Kern einer breit angelegten Propaganda mit einer überaus wirkungsvollen Bildsprache, die nach innen Schutz versprach und nach außen Friedensabsicht suggerierte. Als *Siegfriedline* hatte sie bei den Alliierten funktioniert und im Westen zu Beginn des Krieges eine abschreckende Wirkung.

Entgegen der Propaganda bleibt jedoch festzuhalten, dass beim Bau so gut wie nichts reibungslos funktionierte. Der überstürzte Masseneinsatz von

Höckerlinien des „Westwalls"

Mensch und Material ließ die Preise für Maschinen und Baustoffe explodieren. Massive Betrügereien bei Abrechnungen sowie Baupfusch wurden zum Dauerproblem. Es gab erhebliche Disziplinarprobleme mit den im ganzen Reich zwangsrekrutierten Arbeitskräften wegen oft schlechter Unterbringung in überfüllten Barackenlagern, Wirtshaussälen oder Turnhallen und wegen der langen Arbeitszeiten von 10–12 Stunden. Arbeiter blieben ihren Einsatzstellen fern, und es wurden Streiks für bessere Arbeitsbedingungen und höhere Löhne organisiert. Starke Polizeikräfte aus dem ganzen Reich wurden an die Baustellen verlegt und nach der Mobilmachung im August 1939 durch SS-Angehörige aus dem Sicherungsstab der Organisation Todt ersetzt. Die gesamte Verteidigungslinie blieb bis zum Schluss eine lückenhafte Großbaustelle und war, gemessen an den Angriffswaffen, die sich gegen sie hätten richten können, von Beginn an anachronistisch.

Schon bald nach dem Krieg wurden die von den Nationalsozialisten in die Welt gesetzten Mythen um den „Westwall" erneut aufgegriffen und fortgeschrieben, zum Beispiel als Heldengeschichte und als Propagierung heroischer Lebensweisen in Landser-Heftchen. Westwallgeschichte wurde darüber hinaus als Baukunstgeschichte fortgeschrieben. Diese beinhaltet auch die Glorifizierung der militär- und bautechnischen Leistungsfähigkeit des NS-Systems.

Der „Westwall" verkörpert Größenwahn ebenso exemplarisch wie eine Reihe anderer Großbauprojekte wie die *Germania* oder die *KdF-Ferienanlage Prora* (Rügen). Obgleich nahezu ohne strategisch-praktischen Wert war die Anlage mit einem solchen propagandistischen Sinn aufgeladen, dass der „Westwall" die angebliche Gigantik sowohl nach innen als auch nach außen symbolisierte und der Mythos vom „unbezwingbaren Bauwerk" und dem „gigantischsten Befestigungswerk aller Zeiten" eine tragende Funktion bekam. Zum Ende des Krieges bildete der „Westwall" tatsächlich für die amerikanische Armee kein ernsthaftes Hindernis, während die Schlacht im Hürtgenwald zahlreiche Opfer forderte. Dies ist aber eine ganz andere Geschichte.

Schwieriges Erbe: „Ordensburg Vogelsang"

Oberhalb des Urftstausees im heutigen Nationalpark Eifel liegt die 1934–1936 nach Plänen des Kölner Architekten Clemens Klotz erbaute ehemalige nationalsozialistische „Elite"-Schule Vogelsang. Neben dem zentralen Gemeinschaftshaus mit seinem 42 m hohen Wasserturm umfasste der Komplex Schlaf- und Arbeitshäuser sowie Feierstätten, Sportanlagen, Turnhalle und Schwimmbad. Nicht alle geplanten Bauten sind auch tatsächlich errichtet worden. Vom gigantischen Bibliotheksbau „Haus des Wissens" mit 30 000 m^2 Grundfläche und dem vorgesehen „Kraft-durch-Freude"-Hotel mit 2000 Betten wurden nur Fundamentteile gebaut. Die Bauarbeiten wurden zu Beginn des Krieges 1939 eingestellt.

Vogelsang diente der rassenideologischen Schulung der künftigen NS-Führungskader. Insgesamt 2000 junge Menschen absolvierten dort 1936–1939 ihren jeweils einjährigen Lehrgang. 400 Personen waren mit Verwaltungs- und Lehraufgaben beauftragt. Im September 1939 wurde die Kaderschule in die „Ordensburg Sonthofen" (heute Bundeswehrkaserne) verlegt.

Die Wehrmacht nutzte die sogenannte „Ordensburg" als Truppenquartier während des Westfeldzugs im Mai 1940 und während der Ardennenoffensive im Dezember 1944. Anschließend war sie „Wehrertüchtigungslager" der Hitler-Jugend. Im Februar 1945 besetzten amerikanische Soldaten die schwach verteidigte Anlage. Im Juni 1945 wurde Vogelsang der britischen

„Ordensburg Vogelsang" als Dokumentationszentrum

Besatzungsmacht und im April 1950 der belgischen Armee als Truppenübungsplatz übergeben.

Seit 1989 steht die gesamte Anlage unter Denkmalschutz. Der unter
Denkmalschutz stehende Teil ist mehr als 50 000 m² groß und gilt als zweit-
größte bauliche Hinterlassenschaft der Nazi-Zeit in Deutschland. Die Anlage
ist seit dem Wegzug des belgischen Militärs zu besichtigen. Seit Herbst 2009
besteht mit der Victor-Neels-Brücke über den Urftsee eine direkte Verbindung zum Rad- und Wanderwegenetz zwischen Urft-Staumauer, Gemünd
und Kermeter.

EU, Bund, Land und Region haben 40 Millionen Euro für das geplante
neue *Forum Vogelsang* bereitgestellt. Vorgesehen ist ein 800 m² großes Be-
sucherzentrum mit einer Dokumentation zur NS-Vergangenheit. Weitere
Ausstellungen werden über den Nationalpark Eifel und die Region infor-
mieren.

Das „Felsennest" bei Rodert

Unter dem Decknamen „Felsennest" bestand im Bad Münstereifeler Stadtteil
Rodert das erste ortsfeste und genutzte „Führerhauptquartier" des Zweiten
Weltkrieges. Diese Anlage ist bei Weitem nicht so bekannt wie die „Wolfsschanze" in Ostpreußen. Sogar in der Region weiß man kaum, dass der
Krieg an der Westfront am 10. Mai 1940 vom Eifelort Rodert aus eröffnet
und koordiniert wurde. Dazu wurden mehrere Fernsprech- und Fernschrei-
berleitungen abhörsicher und metertief bis zur Westgrenze verlegt.

Im Vergleich zu den Sicherheitsvorkehrungen in der „Wolfsschanze"
waren die Sicherungsmaßnahmen für das Eifeler Hauptquartier weitaus
bescheidener. Im März 1943 teilte Hitler im polnischen Hauptquartier „Wer-
wolf" bei Winniza mit, dass er das „Felsennest" wegen der Luftangriffe nicht
mehr nutzen wolle. Nicht eindeutig geklärt ist, ob deutsche Pioniere Anfang
März 1945 oder ob US-Soldaten Mitte März 1945 die Anlage gesprengt
haben. Münstereifel und Umgebung sind am 7. März 1945 kampflos von
amerikanischen Soldaten eingenommen worden.

Heute sind nur noch Reste des „Führerhauptquartiers" anzutreffen, so
der „Führerbunker" und das Fundament der Lagebaracke, das kleine Gäste-
haus für die weiblichen Schreibkräfte, der benachbarte Luftschutzbunker für
Frauen sowie drei kleine Splitterschutzbunker im ehemaligen Sperrkreis II.
Im Wald finden sich vereinzelt Reste des Sperrzauns. Beim Forsthaus Hül-
loch befinden sich große Trümmerteile gesprengter Bunkeranlagen für das
Oberkommando des Heeres. Der Postenstand an der Einfahrt zum Forsthaus ist erhalten und steht heute unter Denkmalschutz.

Angst vor dem Atomkrieg – der Regierungsbunker im Ahrtal

Unter den Weinbergen des Ahrtals verbirgt sich ein fast unsichtbares Monstrum. Dieses Bauwerk sollte einmal dem Schutz der Verfassungsorgane der noch nicht wiedervereinigten Bundesrepublik Deutschland dienen, falls Atombomben auf das Land fielen. Die heutige „Dokumentationsstätte Regierungsbunker", etwas oberhalb der römischen Silberbergvilla in Ahrweiler gelegen, vermittelt seit 2008 auf 203 m einen kleinen Eindruck von einem 17,3 km langen Stollensystem. Bei einer Wanderung über den Rotweinwanderweg von Dernau nach Ahrweiler erschließen sich schon eher die Dimensionen dieser unterirdischen Festung des „Kalten Krieges" für 3000 Menschen, die hier bestenfalls 30 Tage lang hätten überleben können.

Landschaftliche Idylle und apokalyptische Visionen durchdringen sich auf diesem Weg wie anderenorts nur selten. Das teuerste Bauwerk der Bundesrepublik musste glücklicherweise nie den Ernstfall erleben.

Strategische Verflechtungen

Eigentlich böte der „Regierungsbunker" allein schon genügend Anlass, seine Geschichte zu erzählen. Aber damit würde man diesem Ort nicht gerecht. Die Verflechtung des Bauwerks mit vorherigen Phasen seiner Nutzung führt ebenfalls in unfriedliche Zeiten. Seine Wurzeln liegen im Umfeld des Ersten Weltkriegs und hängen mit der Industriepolitik und strategischen Plänen des deutschen Kaiserreichs (Schlieffen-Plan 1892 entstanden, 1905 überarbeitet) zusammen. Rhein und Mosel mit ihren Eisenbahnlinien erweisen sich damals für die umfangreichen Gütertransporte zwischen den Revieren Lothringens, an der Saar und Ruhr als zu schwach. Eine neue Trasse diagonal durch die Eifel soll deshalb zusätzliche Kapazitäten schaffen und zugleich als weitere militärische Aufmarschstrecke gegen Frankreich dienen. Von Liblar kommend führt sie vorbei an Rheinbach und durch die Grafschaft und muss dann irgendwie ins Ahrtal herunter. Die Variante, den Abstieg bei (Bad Neuenahr-Ahrweiler-)Heppingen auf den Ahrtalboden stoßen zu lassen, wird wegen Einsprüchen des Apollinarisbrunnens verworfen. Angeblich seien die Quellen der „Queen of Table Waters" gefährdet. So entsteht die Idee, die Bahn entlang des Talhanges durch fünf Tunnels, über Dämme und ein Viadukt langsam bis zum Talgrund zwischen Dernau und Rech verlaufen zu lassen. Noch vor Kriegsbeginn 1914 begonnen, sind bis zum Kriegsende 1918 weite Teile der Trasse und auch die Tunnels fertig. Es fehlt jedoch noch das Viadukt oberhalb von Ahrweiler. Der Versailler Vertrag 1919 erlaubt zunächst einen eingleisigen Weiterbau der Strecke, und so beginnen 1921 die

Markante Zeugen kriegerischer Zeiten: Die Pfeiler der nie vollendeten Eisenbrücke über das Adenbachtal in den Weinbergen Ahrweilers, die seit 1923 wie die benachbarten Tunnels den Verlauf der strategischen Eisenbahntrasse von der Hochfläche der „Grafschaft" ins Ahrtal erahnen lassen. Die Strecke sollte das Ruhrgebiet mit der Saar und den Eisenerzabbaugebieten Lothringens verbinden. Heute dienen die Pfeiler als Kletteranlage des „Seilparks Mittelrhein".

Arbeiten an dem Viadukt. Als im Gefolge des Ruhrkampfes 1923 das Projekt auf französischen Befehl eingestellt wird, sind die Brückenpfeiler vollendet. Sie stellen bis heute den auffälligsten landschaftlichen Rest dieser geplanten strategischen Eisenbahnstrecke dar, auf der nie Gleise gelegen haben. Nach dem Ende der französischen Besatzung 1929 hatte nämlich auch das Deutsche Reich aus wirtschaftlichen Gründen an einer Fertigstellung kein Interesse mehr. Heute dienen die Pfeiler als kommerzielle Kletteranlage.

Vom Champignon zum „Lager Rebstock"

Von 1935 bis 1943 richtet die „Ahr-Edelpilz-Zuchtgenossenschaft m.b.H." in den drei bei Ahrweiler gelegenen Tunnels den größten Betrieb für die Champignonzucht im Deutschen Reich ein. Das kommt dem NS-Staat durchaus gelegen, da sie Devisen für den Import aus Frankreich spart. Ein Teil des Bahndamms wird 1937 für einen Radweg von Köln nach Ahrweiler hergerichtet. Die im Zweiten Weltkrieg zunehmende alliierte Bombardierung von Einrichtungen der deutschen Rüstungsindustrie lässt die Nationalsozialisten nach besser geschützten Produktionsstätten suchen. Sind es anderenorts Bergwerksstollen, erinnert man sich hier der Tunnels. Die Champignonzucht wird umgehend eingestellt, und ab Herbst 1943 beginnt der Aufbau des „Lagers Rebstock". Angehörige der Wehrmacht, der SS, Techniker und auch Arbeiterinnen sind als Beschäftigte von Privatfirmen mit dem Bau von Zubehör für den Abschuss – nicht der Raketen selbst – von Hitlers „Vergeltungswaffen" (V2) befasst. Hinzu kommen mangels Arbeitskräften von Anfang August 1944 bis zur Aufgabe der Produktion

Das ehemalige Arbeits- und Durchgangslager (1937) in Bongard

über 1000 von den Firmen angeforderte Zwangshäftlinge aus zwölf Nationen. Sie sind in einem Außenlager des Konzentrationslagers Buchenwald in primitiven Baracken oberhalb von Dernau und Marienthal eingesperrt. Gefangene (Niederländer, darunter auch Juden, und Italiener) aus einem Internierungslager in Ahrbrück werden zum Bau der Baracken eingesetzt. Die KZ-Häftlinge sind der Willkür der SS ausgesetzt. Es gibt Misshandlungen und Folter, die auch zum Tod von Häftlingen führen. Ebenso sind einige Hinrichtungen bezeugt. Mitte Dezember 1944 wird das Lager Rebstock im Ahrtal geräumt und nach Artern/Thüringen verlegt. Der Kuxbergtunnel dient im Januar 1945 als Ersatzteillager für Panzer. Heute erinnern schlichte Gedenktafeln an den Tunnels in Dernau und Ahrweiler an dieses üble Kapitel der Geschichte.

Das ehemalige Durchgangslager in Bongard

Die Nazidiktatur hat mit ihren auf Unterdrückung und Verfolgung ausgerichteten Methoden und Instrumentarien auch in der Eifel eine Art Infrastruktur eingerichtet, die aus Durchgangs- und Außenlagern der großen Konzentrationslager bestand. Die letzteren dienten der Unterbringung von Zwangsarbeitern in der Nähe von wichtigen Produktionsstätten, insbesondere der Rüstungsindustrie. Im Zusammenhang mit der Judenverfolgung, die auch im ländlichen Raum konsequent durchgeführt worden ist, gab es in dem kleinen Eifeldorf Bongard (VG Kelberg) ein Durchgangslager für Juden. Das Gebäude war bereits 1937 als Arbeitslager des Reichsarbeitsdienstes mit zwei Schlafsälen, einer Küche, einem Aufenthalts- und Verwaltungsraum gebaut worden. Die dort untergebrachten Arbeiter wurden vor allem in der Ödlandkultivierung in den Gemarkungen von Bongard und Gelenberg eingesetzt. Seit Anfang 1939 wurde das Lager zu einem Durchgangslager für jüdische Mitbürger umfunktioniert, die in Zwangsarbeit Drainagearbeiten in der Gemarkung Bongard verrichten mussten. Nach einer halbjährigen Unterbringung sind sie zu anderen Lagern transportiert worden, wo die meisten schließlich umgebracht worden sind. In Bongard wurden dann bis 1941 Kriegsgefangene untergebracht, die wiederum in der Ödlandkultivierung eingesetzt wurden. Nach zwischenzeitlichem Leerstand von einem Jahr und Planungen für ein Schullandheim übernahm die Hitlerjugend das Gebäude ab 1943 als Landdienstlager. Die dort einquartierten 15 Mädchen des „Bunds deutscher Mädchen" (BDM) arbeiteten als Haushaltshilfen in den umliegenden Dörfern (Bongard, Bodenbach, Borler und Gelenberg). Nach Kriegsende waren Notstandsarbeiter und Flüchtlinge im Lager untergebracht, bevor ein neuer Eigentümer dort 1946 eine Gastwirtschaft einrichtete. Heute wird das ehemalige Lagergebäude als Wohnhaus genutzt. Als Mahnmal ist dieser Punkt 2008 in die Geschichtsstraße der Verbandsgemeinde Kelberg aufgenommen worden.

Von der „Stadt im Berg" zum „Rosengarten"

Schon kurz vor Einstellung der Rüstungsproduktion suchen etwa ab Dezember 1944 bis zum Kriegsende im März 1945 über 2500 Ahrweiler Bürger im Silberbergtunnel Schutz vor den heftigen Bombardements. Sie wohnen dort für Monate in notdürftigen Bretterverschlägen und erleben von oben die Zerstörung ihrer Stadt. Auch in Marienthal, Dernau und Rech dienen die Tunnels als Zufluchtsorte vor den Bomben. Die französische Besatzungsmacht sprengt 1947 nicht nur die Tunneleingänge, sondern auch Abschnitte in ihrem Inneren. In Ahrweiler errichten die Bürger 2004 am östlichen Portal des Silberbergtunnels eine Gedenkstätte für „Die Stadt im Berg", wie ein Romantitel jene Monate überschreibt.

Normalerweise wäre damit das Ende der Tunnels besiegelt gewesen. Wer rechnet denn damals damit, dass Bonn 1949 die provisorische Hauptstadt einer neu gegründeten Bundesrepublik Deutschland werden würde? Dass die politische Entwicklung im Atomzeitalter das Bedürfnis nach geeigneten Schutzräumen ausgerechnet in den Ahrtaltunnels wachsen lässt, ist erst

Wohin soll man mit dem Abraum, der bei einem Ausbau einer rund 3 km langen Eisenbahntunnelstrecke auf über 17 km Bunkerstollen anfällt? Der Blick von 1976 auf Marienthal demonstriert die Lösung: Man glättet damit flurbereinigte Weinberge und verfüllt das ursprüngliche Kerbtal des Hubachs, so dass ein Sohlental entsteht, das man dann mit Reben tarnt.

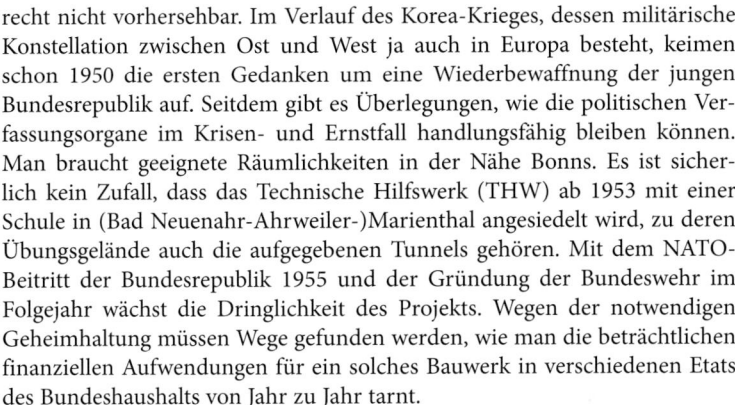

recht nicht vorhersehbar. Im Verlauf des Korea-Krieges, dessen militärische Konstellation zwischen Ost und West ja auch in Europa besteht, keimen schon 1950 die ersten Gedanken um eine Wiederbewaffnung der jungen Bundesrepublik auf. Seitdem gibt es Überlegungen, wie die politischen Verfassungsorgane im Krisen- und Ernstfall handlungsfähig bleiben können. Man braucht geeignete Räumlichkeiten in der Nähe Bonns. Es ist sicherlich kein Zufall, dass das Technische Hilfswerk (THW) ab 1953 mit einer Schule in (Bad Neuenahr-Ahrweiler-)Marienthal angesiedelt wird, zu deren Übungsgelände auch die aufgegebenen Tunnels gehören. Mit dem NATO-Beitritt der Bundesrepublik 1955 und der Gründung der Bundeswehr im Folgejahr wächst die Dringlichkeit des Projekts. Wegen der notwendigen Geheimhaltung müssen Wege gefunden werden, wie man die beträchtlichen finanziellen Aufwendungen für ein solches Bauwerk in verschiedenen Etats des Bundeshaushalts von Jahr zu Jahr tarnt.

Nach Erkundungs- und Planungsarbeiten im Vorjahr, welche die Eignung von Kuxberg- (Länge 1285 m) und Trotzenbergtunnel (Länge 1340 m) im Ahrtal feststellen, beginnen 1959 die Bauarbeiten. Bis 1972 wird aus den zwei Tunnels ein über 17 km verzweigtes Stollensystem geschaffen, dessen gewaltige Abraummassen das Tälchen hinter Marienthal auffüllen oder der zeitlich parallel laufenden Weinbergsflurbereinigung zur Glättung der Hänge zur Verfügung stehen. Die fünf autarken Bunkerabschnitte halten nicht nur 936 Schlafräume und 897 Büro- und Konferenzräume bereit, sondern unter anderem auch fünf Kommandozentralen und Großkantinen, vier Sanitätsbereiche, einen Friseursalon und ein Radio- und Fernsehstudio. Bis zu ihrer Schließung 1997 wird die Anlage von 140 Personen rund um die Uhr in Bereitschaft gehalten. Mit nur 85–112 m Berg über sich ist der „Ausweichsitz der Verfassungsorgane des Bundes im Krisen- und Verteidigungsfall zur Wahrung von deren Funktionstüchtigkeit" (AdVB), wie der Regierungsbunker offiziell, beziehungsweise „Rosengarten" im Sprachgebrauch der Mitarbeiter, heißt, zwar nicht sicher vor den Folgen eines atomaren Volltreffers, aber ein möglicher Konflikt würde ja auch nicht sofort mit dem Abwurf einer Atombombe beginnen. Trotz umfangreicher Maßnahmen zur Geheimhaltung ist die DDR jederzeit über den Stand in der Unterwelt der Ahrtalhänge informiert, ebenso, wie auch der Geheimdienst der Bundesrepublik die entsprechenden Anlagen im Umfeld (Ost-)Berlins kennt. In mehreren Übungen wird der Ernstfall geprobt, aber ein amtierender Kanzler oder Bundespräsident nimmt nie daran teil. Zum Hauptbunker gehören etwas abseits ein Fernmeldebunker bei Staffel im Kesselinger Tal und etwa 40 km entfernt ein Funkbunker in Kirspenich. Daneben bestehen drei weitere Bunker in der Eifel für die Führungsstäbe der Marine (Gerolstein), der Luftwaffe (Mechernich) und des Heeres (Daun). Hinzu kommen der Bunker

Seit 2008 befindet sich die „Dokumentationsstätte Regierungsbunker" in einem Nebeneingang der ehemaligen unterirdischen Festung, etwas oberhalb der römischen Silberbergvilla in Ahrweiler gelegen. Die massive Beton-Schottwand, die der Abwehr einer Druckwelle auf den Bunkereingang dienen sollte, ist von Eisenwänden des neuen Museums eingerahmt. Mehrere hunderttausend Besucher haben sich inzwischen einen Eindruck davon verschafft, wie hier im atomaren Ernstfall 3000 Menschen, darunter Bundespräsident und Bundeskanzler, 30 Tage lang hätten überleben sollen. Und was dann?

der Landesregierung von Nordrhein-Westfalen in Kall-Urft, der 1963 eingerichtet wurde, und der 1964 bezogene Bunker der Bundesbank in Cochem/Mosel.

1990, mit dem Ende des Kalten Krieges, verlieren alle diese Bunker erfreulicherweise ihre Aufgabe. Nach dem Beschluss zu seiner Betriebseinstellung Ende 1997 ist man zunächst bestrebt, eine neue Nutzung für den Regierungsbunker zu finden, was aber an sehr hohen Kosten für Brandschutzvorrichtungen scheitert. Von 2001 bis 2006 ist man dann mit der vollständigen Entkernung der Anlage beschäftigt. Nur die 203 Meter der „Dokumentationsstätte Regierungsbunker", die vom Heimatverein Alt-Ahrweiler betreut wird, und einige schwere Betonbauten an den Bunkereingängen beziehungsweise mitten im Wald erinnern an diese Großfestung. Über 300 000 Besucher haben seit 2008 den Überrest einer modernen „Unterwelt-Burg" besucht. Doch damit ist das Bunkerzeitalter für die Eifel noch nicht beendet.

1998 nimmt in Grafschaft-Gelsdorf am Eifelrand ein Bunker der Bundeswehr mit sechs Tiefgeschossen für nachrichtendienstliche Aufgaben seinen Betrieb auf. Das allerdings ist ein Winzling gegenüber seinem aufgelassenen Nachbarn.

Grenzgeschichten

Die Eifel weist unterschiedliche Grenzen auf – administrative, historische, kirchliche, kulturelle, naturräumliche, politische, mundartliche und mitunter auch mentale. Sie alle waren gewiss kein Gewinn und eher ein Alptraum, weil sie zudem die Identitätsbildung blockierten. Die verworrene und folgenreiche Territorialgeschichte mit vielerlei vorübergehenden Grenzziehungen begann spätestens in der Römerzeit. Julius Caesar bezeichnete während des Gallischen Krieges (58–51 v. Chr.) den Mittelgebirgsraum zwischen Rhein, Maas und Mosel als *Arduenna silva*. In der römischen Periode war das gesamte Gebiet der heutigen Eifel in die Provinzen Belgica mit Trier, Germania Inferior mit Köln und Germania Superior mit Mainz als Hauptstädte gegliedert.

Karolinger, Kurfürsten und Kommunen

Während der karolingischen Periode lag die Eifel durchaus zentral und unweit eines der wichtigsten Verwaltungszentren – der Kaiserpfalz in Aachen. Karl der Große (747–814) hatte enge Bindungen mit der Eifel. Der Kermeter und weitere Waldgebiete bei Konzen, Dahlem, Kesseling und westlich von Kröv an der Mosel waren königliche Jagdgebiete. Größere Teile der Eifel gehörten damals nicht zum karolingischen Eifelgau in den Quellgebieten von Erft, Urft, Kyll und Ahr als Teilgebiet des Ardennenwalds, der erst 838 n. Chr. als *Pagus Eiflinsis* urkundlich erwähnt wurde. Benachbarte Gaue waren Zülpichgau (Altkreis Euskirchen), Bidgau (Bitburger Raum), Ardennengau (Gebiet um Malmedy), Mayenfeldgau (Osteifel) und Ripuariergau (Gebiet um Münstereifel und Rheinbach). Damit war der Grundstein für das gesamte nachfolgende feudale und grundherrschaftliche Verwaltungs- und Wirtschaftssystem gelegt, das bis 1795 fortbestand.

Nach den Reichsteilungen von 843–880 wurde das territoriale Gebilde Eifel vor allem von den Kurfürstentümern Trier und Köln sowie den Herzogtümern Jülich und Luxemburg beherrscht. Neben diesen größeren Herrschaften entwickelten sich mehrere kleinere Grafschaften wie Blankenheim und Gerolstein (1115), Aremberg (12. Jahrhundert), Dollendorf (1077),

Die römischen Provinzgrenzen in der Eifel (Grundlage: LVR-Landeskunde)

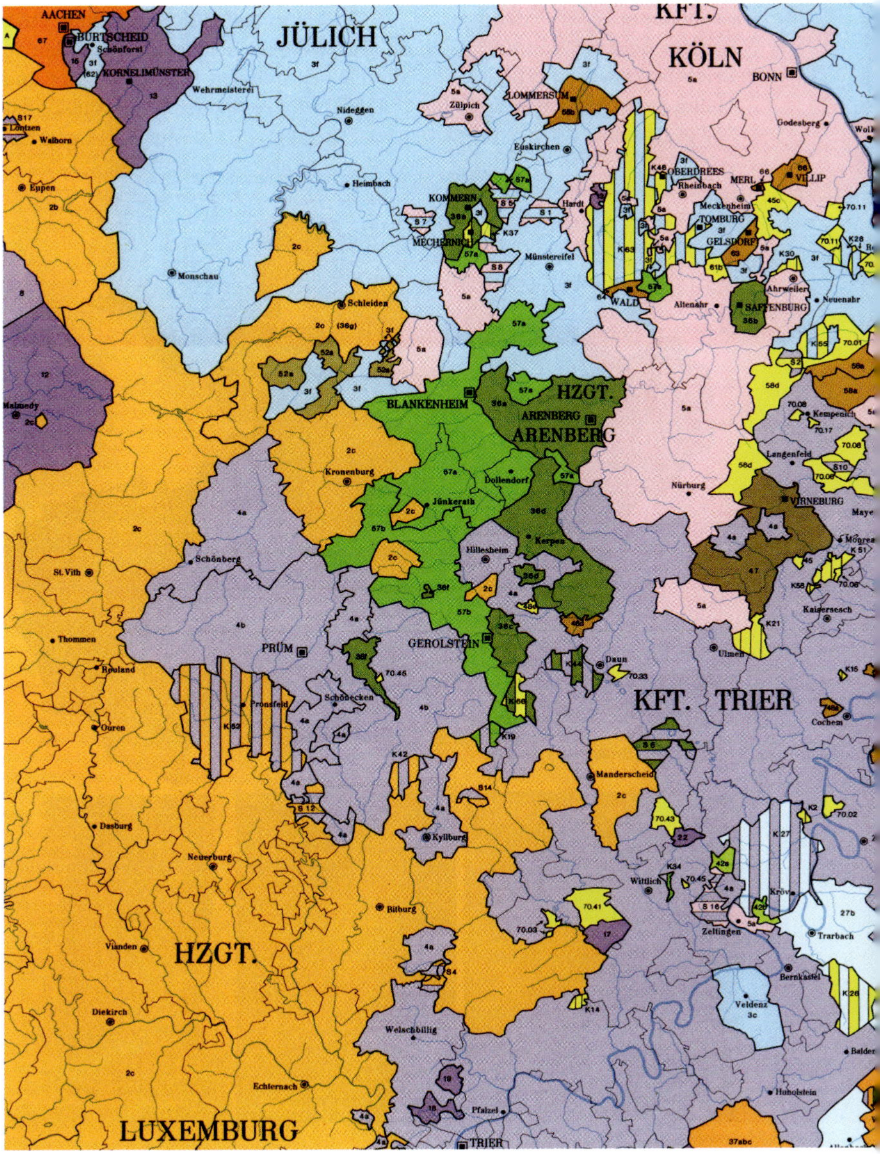

AACHEN
BURTSCHEID
Schönforst
KORNELIMÜNSTER
Wehrmeisterei

JÜLICH

KFT.

KÖLN
BONN

Lichtenb.
Walborn

Eppen

Zülpich
ZOMMERSUM
Euskirchen
Nideggen
Heimbach

Godesberg

OBERDREES
Rheinbach
MERL
VILIP
Meckenheim
TOMBURG
GELSDORF

KOMMERN
MECHERNICH
Münstereifel

Monschau

Schleiden

Ahrweiler
SAFFENBURG
Neuenahr
WALD
Altenahr

Malmedy

BLANKENHEIM

HZGT.
ARENBERG
ARENBERG

Kempenich

Kronenburg
Dollendorf
Jünkerath

Langenfeld

VIRNEBURG
Maye

St. Vith
Schönberg
Hillesheim
Korpes
Nürburg

Mögres

Thommen
Rouland
GEROLSTEIN

Kaisersesch

PRÜM
Schönecken
Daun
Ulmen

KFT. TRIER

Cochem

Prondfeld

Ouren
Mandersch

Desburg
Kyllburg

Krove
Neuerburg
Wittlich
Zellingen
Trarbach

Vianden
HZGT.
Bitburg

Bernkastel

Diekirch
Veldenz

Welschbilly
Balden

Echternach
Pfalzel
Hunolstein

LUXEMBURG
TRIER

Territorien im Gebiet der heutigen Eifel 1789

Kronenburg (1277), Manderscheid (943), Monschau (1198), Nürburg 1166, Reifferscheid (1106) und Virneburg (1042). Drei Eifeler Klöster wurden zu Reichsherrschaften erhoben: die um 650 gegründeten Klöster Stavelot und Malmedy bildeten von 1138 bis 1792/96 das Reichsfürstentum Stablo, das 721 gegründete Kloster Prüm war von 1222 bis 1576 und das 814 gegrün-

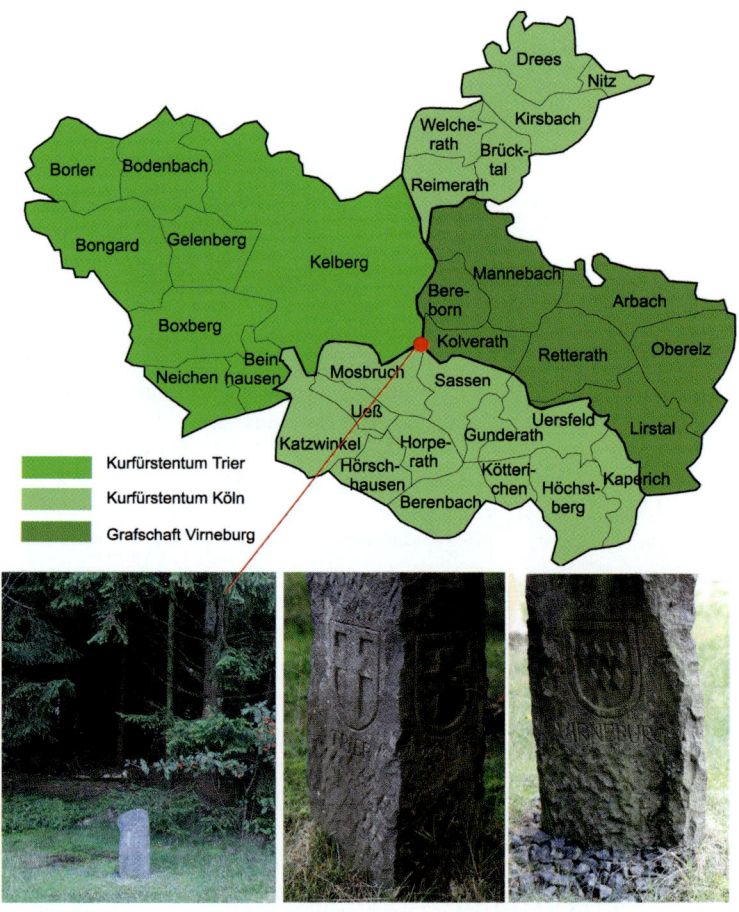

Dreiländereck der Kurfürstentümer Köln und Trier sowie die Grafschaft Virneburg und der rekonstruierte Grenzstein, Station 6 der Geschichtsstraße Kelberg, Abschnitt 1

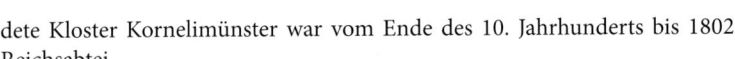

dete Kloster Kornelimünster war vom Ende des 10. Jahrhunderts bis 1802 Reichsabtei.

Nach der französischen Besetzung des Rheinlandes (1795) folgte 1798 die Einverleibung in den französischen Staatsverband – die Eifel befand sich nun in Randlage. Sie war nun auf fünf Departements (Roer, Saar, Forest, Ourthe sowie Rhein und Mosel) verteilt. Daraus ergaben sich tiefgreifende gesellschaftlich-politische, rechtliche (Kommunalverfassung) und wirtschaftliche Veränderungen. Die von der französischen Verwaltung eingeführten Neuerungen führte die preußische Verwaltung für die 1815 nach dem Wiener Kongress neu geschaffene Rheinprovinz weitgehend fort. In preußischer Zeit war die Eifel auf die vier Regierungsbezirke Aachen, Köln, Koblenz und Trier verteilt.

Die vermessene Eifel

Viele ältere Karten bieten, wenngleich historisch bemerkenswert, für Topografie und Landschaftsbild ihrer Zeit meist nur wenig Brauchbares an. Diese Ausgangslage änderte sich grundlegend, als man den Wert zuverlässiger Karten vor allem für militärische Zwecke erkannte. Führend waren in dieser Hinsicht im 18. Jahrhundert die Franzosen. Ihre Vermessungstechnik markiert den Beginn des modernen Kartenwesens. Den Anfang machte die berühmte *Carte géometrique de la France* im Maßstab 1:86 400, die der Direktor der Pariser Sternwarte, César François Cassini de Thury (1714–1784), ab 1750 schuf. Bei diesem Kartenwerk wurde erstmals die Triangulation (Winkelbeobachtung, Dreieckspunktmessung) als Grundlage einer großflächigen Kartenaufnahme angewendet.

Zur wechselvollen Geschichte der Eifel gehört auch eine französische Episode, die im Sommer 1794 begann. Für die hinzugewonnenen Gebiete sollte das für das Mutterland abgeschlossene Cassini-Kartenwerk erweitert werden. Die Vermessungsaufgaben wurden dem Astronomen Jean Joseph Tranchot (1752–1815) übertragen. Er begann seine Geländeaufnahmen 1801 am Niederrhein. Am gewählten Kartenmaßstab 1:10 000 fand Napoleon jedoch überhaupt keinen Gefallen, weshalb man ab 1805 im verkleinerten Maßstab 1:20 000 weiterarbeitete. Alle rund 80 Kartenblätter, die das Gebiet der Eifel abbilden, wurden in den Jahren 1805–1811 in diesem Maßstab angefertigt.

Viel Freude hatten die Franzosen an ihren Karten allerdings nicht. Das gesamte fertige Kartenwerk musste nämlich nach dem Ende der Napoleon-Ära schon 1815 mit allen 321 Blättern an Preußen abgeliefert werden, was nicht ohne persönliche und zwischenstaatliche Reibereien vonstatten ging.

Die erhaltenen Originalblätter befinden sich heute im Archiv der Stiftung Preußischer Kulturbesitz in Berlin. Sie haben auch die Auslagerungen während der beiden Weltkriege mit vergleichsweise geringen Schäden überstanden.

Die letztlich als Folge der Französischen Revolution ausgelöste erste topographische Landesaufnahme der linksrheinischen Rheinlande mit der Eifel im Zentrum durch Tranchot und seine Geografieingenieure ist für die regionale Landeskunde ein außerordentlicher Glücksfall. Die erhaltenen Originalkarten haben die (seinerzeit noch so genannten) Landesvermessungsämter Rheinland-Pfalz und Nordrhein-Westfalen in den Maßstab 1:25 000 verkleinert und durch Zusammendruck neu herausgegeben, sodass man die topographischen Einzeldarstellungen aus dem frühen 19. Jahrhundert sehr genau mit den heute üblichen Messtischblättern vergleichen kann.

Der Blick auf diese Karten ist außerordentlich aufschlussreich. Er zeigt mit zuvor nicht erreichter topographischer Exaktheit den genauen Verlauf von Wegen und Straßen, ferner Lage und Ausdehnung von Siedlungen und Einzelgehöften und – für den Vergleich mit der modernen Kulturlandschaft besonders interessant – die verschiedenen Flächennutzungsformen, angegeben mit bestimmten, allerdings zarten Farben sowie zusätzlich mit Großbuchstaben wie V für *vignobles* = Rebfluren, T für *terres labourables* = Ackerland, P für *prés* = Wiesen oder B für *bois* = Wald. Darüber hinaus verzeichnen die Kartenblätter alle damals vorhandenen topographisch wichtigen Einzelobjekte wie Windmühlen, Wegekreuze, Kleindenkmäler, Einzelfelsen oder Gruben und Steinbrüche. Wenn man sich in die verschiedenen, erstaunlich klaren und daher sehr gut lesbaren Signaturen eingearbeitet hat, entsteht ein höchst detailreiches und aussagekräftiges Bild der Eifellandschaft vor rund 200 Jahren.

Kataster – der Maßstab ändert sich

Mit der Annektierung von 1798 und deren Vollzug 1802 galten in der Eifel französische Gesetze. Eine der vielen Folgen war die Erstellung eines Katasters nach dem Grundsteuergesetz von 1798, das eine Besteuerung des Grundbesitzes vorsah. Dazu musste das gesamte Land parzellenweise in genaue Karten eingetragen werden. Der Grundbesitz wurde nummeriert und mit Angaben über Eigentümer, Größe, Nutzungsart und Dienstbarkeiten in einem Grund- oder Flurbuch eingetragen. Als Maßstabsgrundlage diente das 1799 in Frankreich eingeführte metrische System – geradezu eine weitere Revolution, denn damit entfiel die Vielzahl der lokal und regional verbreiteten Maß- und Messsysteme, die man kaum vergleichen konnte.

Die Festlegung der Gemeindegrenzen mit genau verorteten Grenzsteinen erfolgte in Abstimmung mit den jeweiligen Bürgermeistern. Das Kataster bestand aus einem Liegenschafts-, Grund- beziehungsweise Flurbuch oder Mutterrolle, einer Übersichtskarte der gesamten Gemarkung sowie den einzelnen Sektions- oder Flurblättern mit je nach Siedlungsdichte unterschiedlichen Maßstäben.

So lag bis 1834 für die Eifel ein großmaßstäbliches, flächendeckendes Kartenwerk mit Übersichtskarten der Gemarkungen im Maßstab 1:5000 bis 1:10 000 und detaillierten Flurkarten in Maßstäben von 1:1250 bis 1:2500 vor. Die Eifellandschaft war damit kartografisch komplett erfasst. Dies gilt auch für die Nutzungsgrenzen, die nach Einführung des Katasters und die auf Landnutzung orientierten Grundsteuern kartographisch fixiert waren, insbesondere für die Wald-Offenland-Grenze. Möglicherweise geht der heute so vertraute, aber schroffe Wechsel von den Waldgrenzen zu Grünland- oder Ackerflächen auf diese Phase des neuen Steuerrechts zurück, das vorher (beispielsweise mit dem Zehnten) abgabenorientiert war. Somit haben auch die Finanzämter die Eifeler Landschaft mitgestaltet.

Am Rande des Geschehens

Seit den 1870er-Jahren war die Eifel als Grenzraum im politischen Gefüge zwischen Preußen beziehungsweise dem Deutschen Reich und Frankreich fatalerweise auch militärisch bedeutsam als Aufmarsch- und Einquartierungsgebiet. Nach dem Ersten Weltkrieg musste die neue Weimarer Republik nach dem Friedensvertrag von Versailles 1919 Elsass-Lothringen und 1920 die drei westlichen Eifelkreise Eupen, Malmedy und Sankt Vith an Belgien abtreten.

Seit 1815 waren diese drei Westeifelkreise Teile des preußischen Königreiches. Malmedy war der einzige Kreis Preußens, in dem nach den Ergebnissen der Volkszählung vom 1. Dezember 1900 insgesamt 28,7 % der Bevölkerung französisch beziehungsweise wallonisch sprachen. Im Kreis Eupen lag diese Zahl bei etwa 5 %. Nach dem Vertrag von Versailles wurden diese drei Kreise 1920 vom Deutschen Reich und somit von der Eifel abgetrennt, faktisch standen sie bereits seit November 1918 unter belgischer Verwaltung.

In der Volksbefragung von 1920 konnten sich die Einwohner gegen den Übergang nach Belgien aussprechen, wenn sie sich mit Namen und Adresse in öffentliche Listen eintrugen, die aber nur in Eupen und Malmedy auslagen. Begleitend gab es aber diverse Repressalien der belgischen Verwaltung. Lediglich 271 der 33 726 Wahlberechtigten trugen sich schließlich ein. In der Gemeinde Losheim im Kreis Malmedy fand nach Bittschriften an den Papst, den amerikanischen Präsidenten, den belgischen König und den Völkerbund

Provinzen im Rheinland nach 1815

Territorialkarte der preußischen Rheinprovinz (LVR-Landeskunde)

in Genf im November 1920 eine eigene und geheime Abstimmung statt. Das Ergebnis war eindeutig: 98 % votierten für den Verbleib in Deutschland, der so am 1.10.1921 vollzogen wurde. Erst 1925 waren die drei Kreisgebiete offiziell in den belgischen Staatsverband eingegliedert. Nach der Eingliederung gab es Überlegungen, sie gegen eine Ausgleichszahlung von 200 Mio. Goldmark wieder an Deutschland abzutreten, aber die Rückführung scheiterte an Frankreich. Die Rückgliederung war für viele Einwohner ein wichtiges Thema. Im Zweiten Weltkrieg, vom 18.5.1940 bis zu der Rückgliederung am 11.9.1944, waren die belgischen Ostkantone wieder Bestandteil des Deutschen Reiches. Im Staatsvertrag von 1956 wurde die heutige Grenzziehung von der Bundesrepublik Deutschland staatsrechtlich anerkannt. Vom 1.4.1949 bis 28.8.1958 gehörte die Gemeinde Losheim wiederum zu Belgien.

Die belgische Eifel

Auch in kirchlicher Hinsicht gab es durch die Abtrennung vom Bistum Köln Streit, der letztlich mit der päpstlichen Bulle von Benedikt XV. *Ecclesiae Universae* vom 30. Juli 1920 mit Gründung eines Bistums Eupen-Malmedy geschlichtet wurde. Es bestand nur bis 1925 und wurde danach in das Bistum Lüttich eingegliedert.

Im mehrsprachigen Belgien schuf das Sprachengesetz von 1963 ein offizielles deutsches Sprachgebiet. Seit 1973 gibt es den Rat der deutschsprachigen Kulturgemeinschaft, der seine Befugnisse in den folgenden Jahren ausbaute. Heute verfügen die deutschsprachigen Ostkantone im Rahmen der „Deutschsprachigen Gemeinschaft" (DG) über eine eigene Volksvertretung und Regierung. Die Deutschsprachige Gemeinschaft ist weitgehend autonom und innerhalb dieser Autonomie zuständig für kulturelle und personelle Angelegenheiten, für das Unterrichtswesen, die Zusammenarbeit zwischen den belgischen Gemeinschaften und die internationale Zusammenarbeit bezüglich Kultur und Bildung. Darüber hinaus ist die Gemeinschaft seit 1994 für den Denkmal- und Landschaftsschutz, seit 2000 für die Beschäftigungspolitik und seit 2005 für die Gemeindeaufsicht und -finanzierung zuständig. Malmedy und Weismes gehören dagegen aufgrund ihrer französischsprachigen Mehrheiten zur Region Wallonien.

Seit der Gründung der Europäischen Gemeinschaft 1957, in der Belgien und die Bundesrepublik Deutschland zu den Gründungsstaaten gehören, verstehen sich die deutschsprachigen belgischen „Eifeler" als Bindeglied zwischen dem deutschen und französischen Sprachraum. Es bestehen intensive und positive Kontakte und gemeinsame Aktivitäten mit den nordrheinwestfälischen und rheinland-pfälzischen Eifelkommunen. Mit dem Vertrag von Schengen haben die Grenzen 1992 ihre Barrierewirkung ohnehin weitgehend verloren. Auch die Einführung des Euro hat das Zusammenwachsen der Gebiete an beiden Seiten der Grenze gefördert. Obwohl die Ostkantone offiziell „Ausland" sind, fühlt man sich der Eifel als gemeinsamer europäischer Region zugehörig. Dies wird auch in Broschüren und Internetauftritten der Städte Eupen und St. Vith sowie den Gemeinden deutlich. Ein Ergebnis der interkommunalen Zusammenarbeit ist die Einrichtung des Belgisch-Deutschen Naturparks beiderseits der Grenze im Jahre 1971.

Die nunmehr über 90-jährige Zugehörigkeit zu Belgien hat sich bei näherer Betrachtung indessen auch landschaftlich ausgewirkt – sichtbar an den Straßen, der Beschilderung, dem Bau von öffentlichen Verwaltungsgebäuden und der Zweisprachigkeit. Wenn man über die belgische Autobahn 27 Richtung Prüm/Wittlich fährt, fallen nach der Querung der Stadtgrenze St. Vith als Grenze der Deutschsprachigen Gemeinschaft die durchgestrichenen Ortsnamen in französischer Sprache auf. Hiermit wird deutlich, dass diese Region sich eindeutig zum deutschen Kulturkreis bekennt und sich der Eifel zugehörig fühlt.

Eine Landschaft, aber in zwei Bundesländern

Ab 1945 gehörte die Nordeifel im Norden zur britischen, die Südeifel zur französischen Besatzungszone. Nach der formalen Aufhebung Preußens und der Preußischen Rheinprovinz im Jahre 1947 durch die Alliierten wurde so im Prinzip der Grundstein für die heute bestehende verwaltungstechnische Teilung der Eifel gelegt: Die Nordeifel (Teile der Regierungsbezirke Aachen und Köln) kam zum „Bindestrich-Bundesland" Nordrhein-Westfalen und die Südeifel (Teile der Regierungsbezirke Koblenz und Trier) zum „Bindestrich-Bundesland" Rheinland-Pfalz. In den nördlichen Eifelgemeinden von Rheinland-Pfalz gab es 1956 ein erfolgreiches Volksbegehren für eine Eingliederung nach Nordrhein-Westfalen. Die Abstimmung fand allerdings erst 1975 und damit 19 Jahre später statt, und da fand sich hierfür keine Mehrheit mehr.

Erst mit der Kommunalreform 1969 in Nordrhein-Westfalen wurden letztlich die immer noch auf der französischen Kommunalverfassung fußenden Ämter (*Mairies*) und zugehörigen Ortsgemeinden (*Communes*) aufgehoben und neue größere Einheitsgemeinden gebildet. Dagegen blieben nach der Kommunalreform 1971 in Rheinland-Pfalz die tradierten Ortsgemeinden bestehen. Dort wurden die Ämter lediglich in größeren Verbandsgemeinden zusammengelegt.

Die Our ist der Grenzfluss zwischen Deutschland und Luxemburg

Aus der Randposition in die neue Mitte

Mit der europäischen Integration befindet sich die Eifel wiederum im zumindest geografischen Mittelpunkt – wie schon einmal im Karolingischen Reich um 800: In der 1957 gegründeten EWG mit Belgien, Bundesrepublik Deutschland, Frankreich, Italien, Luxemburg und den Niederlanden liegt sie zentral und bietet für die grenzüberschreitende Zusammenarbeit innerhalb der EuRegio Maas-Rhein (1976) sowie SaarLorLuxRhein (1995) gute Entwicklungspotenziale in Sachen Dienstleistungssektor, innovatives Gewerbe, Touristik und Naherholung.

Während die vielen und wechselnden Grenzen der Eifel ihrer Identitätsbildung jahrhundertelang und geradezu alptraumhaft im Wege standen, eröffnet der neue Eifelfokus im Rahmen der europäischen Integration erstmals wesentlich erfreulichere Perspektiven.

Literatur

Bach, C. (2008): Der Regierungsbunker im Ahrtal und seine Geschichte. Gaasterland, Düsseldorf

Baur, O. (1992): Die Entdecker der Eifel. Eine Landschaft und ihre Maler. Selbstverlag, Prüm

Bengsch, L., Maschke, J. (2010): Tagesreisen Eifel. Endbericht. dwif consulting, München

Berndorf, J. (2008): Gebrauchsanweisung für die Eifel. Piper, München

Bettinger, D., Hansen, H.-J., Lois, D. (2004): Der Westwall von Kleve bis Basel. Auf den Spuren deutscher Geschichte. Edition Dörfler, Eggolsheim

Blum, W., Meyer, W. (2006): Deutsche Vulkanstraße. 280 erlebnisreiche Kilometer im Vulkanland Eifel. Görres, Koblenz

Burggraaff, P.(1995): Die Kulturlandschaft Eifel um 2010, eine Anregung zur Diskussion. Kulturlandschaft. Zeitschrift für Angewandte Historische Geographie 5, 20–22.

Burggraaff, P. (1998): Wald und Landwirtschaft in der Eifel im 21. Jahrhundert – abgeleitet am Beispiel des Kreises Daun aus historischer Sicht. Koblenzer Geographisches Kolloquium 20, 16–29

Burggraaff, P. (1999): Die preußische Uraufnahme im Rheinland (1843–1850) und ihre Bedeutung für die Kulturlandschaftsforschung im Kreis Daun. Heimatjahrbuch Kreis Daun Vulkaneifel, 196–202, Daun

Burggraaff, P., Fehn, K. (1992): Die Kulturlandschaftsentwicklung der Euregio Maas-Rhein vom Ende der Stauferzeit bis zur Gegenwart im Spiegel der Denkmalpflege. Spurensicherung. Archäologische Denkmalpflege in der Euregio Maas-Rhein. Kunst und Altertum am Rhein 136, 145–181, Mainz

Burggraaff, P., Kleefeld, K.-D. (1998): Historische Kulturlandschaft und Kulturlandschaftselemente. Angewandte Landschaftsökologie 20, 1–320

Burggraaff, P., Kleefeld, K-D. (2010): Landschaft erzählen – die Geschichtsstraße in Kelberg (Eifel) als Fallbeispiel für die Erläuterung von Natur- und Kulturerbe. In: Wege zu Natur und Kulturlandschaft. Bund Heimat und Umwelt. Bonn

Burggraaff, P., Kleefeld, K-D., Mertes, E. (2002): Die Geschichtsstraße „Rund um den Hochkelberg". Spurensuche auf alten Wanderpfaden. Bonn

Caspers, N., Kremer, B.P. (1978): Das Hohe Venn. Rheinische Landschaften 14, RVDL-Verlag, Köln

Cüppers, H. (Hrsg.) (1990): Die Römer in Rheinland-Pfalz. Theiss, Stuttgart

Diester, J. (2008): „Geheimakte Regierungsbunker". Tagebuch eines Staatsgeheimnisses. Verlagsanstalt Handwerk GmbH, Düsseldorf

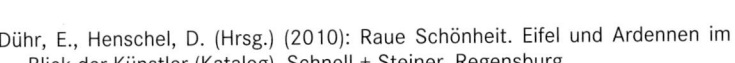

Dühr, E., Henschel, D. (Hrsg.) (2010): Raue Schönheit. Eifel und Ardennen im Blick der Künstler (Katalog). Schnell + Steiner, Regensburg

Eifelverein (Hrsg.) (2006): Eifelführer, 39. Aufl., Selbstverlag, Düren

Erdmann, C., Pfeffer, K.-H. (Hrsg.) (1997): Eifel. Sammlung Geographischer Führer 16, Borntraeger, Berlin

EuRegionale (2008): Der Westwall in der Eifelregion. Aktuelle Nutzungen, touristische Potentiale und Möglichkeiten der Vermarktung. Projekt 2508 Kultur- und Tourismusmarketing GmbH, Bonn

Fischer, H. (1989): Rheinland-Pfalz und Saarland. Eine geographische Landeskunde. Wissenschaftliche Länderkunden, Bd. 8/IV, Wissenschaftliche Buchgesellschaft, Darmstadt

Geschichtlicher Atlas der Rheinlande (1982-2008). Hrsg. v. Gesellschaft für Rheinische Geschichtskunde in Verbindung mit dem Landschaftsverband Rheinland. Köln, Rheinland Verlag, 2006 Habelt-Verlag AG (Bonn).

Graafen, R. (1961): Die Aus- und Abwanderung aus der Eifel in den Jahren 1815– 1955. Forschungen zur deutschen Landeskunde 127, Bad Godesberg

Grabert, H. (1998): Abriß der Geologie von Nordrhein-Westfalen. Schweizerbart, Stuttgart

Grewe, K. (1988): Der Römerkanal-Wanderweg. Ein archäologischer Wanderführer. Textband, Kartenband. Eifelverein, Düren

Gückelhorn, W., Paul, D. (2004): V1-„Eifelschreck". Abschüsse, Abstürze und Einschläge der fliegenden Bombe aus der Eifel und dem Rechtsrheinischen 1944/45. Helios, Aachen

Haffke, J. (2009): Kulturlandschaften und Tourismus. Historisch-geographische Studien in Ahrtal und Hocheifel (Nürburgring). Dissertation, Bonn

Haffke, J. (2010): Der Nürburgring. Tourismus für Millionen. Bouvier, Bonn.

Hahne, W. (2010): Skandal? „Nürburgring 2009". Affäre? Südwest- und Eifelzeitung Verlags- und Vertriebs-GmbH, Daun

Hansen, H.J. (2008): Das vergessene Führerhauptquartier in der Eifel. Bau, Nutzung, Zerstörung. Helios, Aachen

Harzheim, G. (2010): Wahrnehmungen und Umgang mit der Kulturlandschaft Eifel. In: Rheinisches Jahrbuch für Volkskunde, Bd. 38, Bonn, S.189–207

Herborn, W. (2004): Der Weinbau an der Ahr im Frühen und Hohen Mittelalter. Das Werden einer Weinlandschaft. Schriften zur Weingeschichte 146, Wiesbaden

Hunold, A. (2011): Das Erbe des Vulkans. Eine Reise in die Erd- und Technikgeschichte zwischen Eifel und Rhein. Schnell + Steiner, Regensburg

Ippach, P., Mangartz, F., Schaaff, H. (2002): Krater und Schlackenkegel. Vulkanparkforschungen. Untersuchungen zur Landschafts- und Kulturgeschichte 6, Mainz

Job, H., Woltering, M., Harrer, B. (2009): Regionalökonomische Effekte des Tourismus in deutschen Nationalparken. Bonn-Bad Godesberg. (Naturschutz und Biologische Vielfalt 76)

Joist, C.-P. (Hrsg.) (1997): Landschaftsmaler der Eifel im 20. Jahrhundert. Eifelverein, Düren

Jungbluth, U. (2000): Wunderwaffen im KZ „Rebstock". Zwangsarbeit in den Lagern „Rebstock" in Dernau / Rheinland-Pfalz und Artern / Thüringen im Dienst der V-Waffen. Rhein-Mosel Verlag, Briedel/Mosel

180 Literatur

Jungheim, H. J. (1996): Die Eifel. Erdgeschichte, Fossilien, Lebensbilder. Gold-
schneck, Korb
Knuffler, A. (2007): Zeitreiseführer Eifel 1933–1945. Helios, Aachen
Koenigswald, W. von, Simon, K.-F. (2007): GeoRallye. Spurensuche zur Erdge-
schichte. Bouvier, Bonn
Kremb, K., Lautzas, P. (Hrsg) (1991/1993): Landesgeschichtlicher Exkursions-
führer Rheinland-Pfalz, Bd. 2: Regierungsbezirk Trier, Bd. 3: Regierungsbezirk
Koblenz. Otterbach
Kremer, B.P. (Hrsg.) (1996): Die Ahr erleben und genießen. Wienand, Köln
Kremer, B.P. (Hrsg.) (1996): Laacher See. Landschaft, Natur, Kunst, Kultur. 2.
Aufl., Wienand, Köln
Kremer, B.P. (1997): Lebensraum aus Menschenhand. Schützenswerte Biotope
der rheinischen Kulturlandschaft. RVDL-Verlag, Köln
Kremer, B.P. (Hrsg.) (2000): Natur am Mittelrhein. Themen, Tipps und Touren.
Eifelverein, Düren
Kremer, B.P. (Hrsg.) (2008): Naturführer Bonn und Umgebung. 2. Aufl., Bouvier,
Bonn
Kremer, B.P., Caspers, N. (1986): Die Maare der westlichen Vulkaneifel. Rhei-
nische Landschaften 5, 4. Aufl., RVDL-Verlag, Köln
Kremer, B.P., Meyer, W. (1986): Das Vulkangebiet der Hocheifel. Rheinische
Landschaften 29, RVDL-Verlag, Köln
Kremer, B. P., Meyer, W., Roth, H.-J. (1986): Natur im Rheinland. Stürtz, Würzburg
Kremer, B.P., Steinicke, B. (Hrsg.) (1993): Eifelmaare. Streifzüge durch eine faszi-
nierende Landschaft. Wienand, Köln
Krewel, J. (1932): Kulturmaßnahmen für die Eifel, ihre einheitliche Zusammenfas-
sung. Ein Beitrag zum Eifelproblem. Bonn-Poppelsdorf
Kubitz, B. (2000): Die holozäne Vegetations- und Siedlungsgeschichte in der
Westeifel am Beispiel eines hochauflösenden Pollendiagramms aus dem
Meerfelder Maar. Dissertationes Botanicae 339, Cramer, Berlin
Kunow, J., Wegner, H.-H. (Hrsg.) (2006): Urgeschichte im Rheinland. RVDL-Verlag,
Köln
Kurpjuhn, J. (2003): Rebflurbereinigungen im Ahrtal – eine bodenordnerische und
bodenwirtschaftliche Dokumentation mit besonderen Aspekten zur Effizienz
und Nachhaltigkeit – Beiträge zu Städtebau und Bodenordnung 25, Bonn
Landesamt für Geologie und Bergbau Rheinland-Pfalz (Hrsg.) (2005): Geologie
von Rheinland-Pfalz. Schweizerbart, Stuttgart
Landesamt für Geologie und Bergbau Rheinland-Pfalz (Hrsg.) (2010): Steinland-
Pfalz. Geologie und Erdgeschichte von Rheinland-Pfalz. Schweizerbart, Stutt-
gart
Lehmann-Brauns, E. (1996): Basaltlava-Kreuze der Eifel. Himmel, Hölle, Pest und
Wölfe. 3. Aufl., RVDL-Verlag, Köln
Löber, K. (Hrsg.) (2000): Das Rodder Maar. Ein Ort des Wanderns und der Wissen-
schaft im Vulkanpark Brohltal/Laacher See. Selbstverlag, Niederzissen
Lutz, H. (1998): Fossilfundstätte Eckfelder Maar. Archiv eines Lebensraumes in
der Eifel. Landessammlung für Naturkunde Rheinland-Pfalz, Mainz
Mertes, E. (1995): Mühlen der Eifel. Geschichte – Technik – Untergang, 2. Aufl.,
Helios, Aachen

Mertes, E.: Heidenbluth, D., Bertram, P. (2005): Mühlen der Eifel, Bd. 2, Die Nordeifel. Helios, Aachen

Meyer, W. (1994): Geologie der Eifel, 3. Aufl., Schweizerbart, Stuttgart

Meyer, W. (2002): Vulkanpark Brohltal/Laacher See. Ein geologischer Führer, 4. Aufl., Görres, Koblenz

Möseler, B.M., Kremer, B.P. (2006): Das Perlenbachtal im Monschauer Heckenland. Rheinische Landschaften 56, RVDL-Verlag, Köln

Müller-Miny, H. (1975): Die Kartenaufnahme der Rheinlande durch Tranchot und v. Müffling 1801-1828. Teil 2: Das Gelände. Eine quellenkritische Untersuchung des Kartenwerks. Publikationen der Gesellschaft für rheinische Geschichtskunde XII, Rheinland Verlag GmbH, Köln/Bonn

Naumann, G. (1999): Zur Forstgeschichte des Flamersheimer Waldes. Schriftenreihe der Landesforstverwaltung Nordrhein-Westfalen, Heft 8, Düsseldorf

Negendank, J.F.W., Brauer, A., Zolitschka, B. (1990): Die Eifelmaare als erdgeschichtliche Fallen und Quellen zur Rekonstruktion des Paläoenvironments. Mainzer geowiss. Mitt. 19, 235 -262

Neu, P. (1989): Eisenindustrie in der Eifel. Aufstieg, Blüte und Niedergang. Rheinland Verlag GmbH, Köln/Bonn

Perse, M., Baumgärtel, B., Haberland, I., Husmeier-Schirlitz, U., Scheuren, E., Vomm, W. (Hrsg.) (2010): Johann Wilhelm Schirmer. Vom Rheinland in die Welt. Band 1 Katalog. Michael Imhof Verlag, Petersberg

Pfanz, H. (2008): Mofetten. Kalter Atem schlafender Vulkane. Selbstverlag Deutsche Vulkanologische Gesellschaft, Mendig

Renn, H. (1994): Die Eifel. Wanderungen durch 2000 Jahre Geschichte, Wirtschaft und Kultur. Selbstverlag Eifelverein, Düren

Ribbert, K.-H. (Hrsg.) (2010): Geologie im Rheinischen Schiefergebirge. Teil 1: Nordeifel. Geologischer Dienst NRW, Krefeld

Rothe, P. (2009): Die Geologie Deutschlands. 48 Landschaften im Porträt. 3. Aufl., Wissenschaftliche Buchgesellschaft, Darmstadt

Schmidt, R. (1973): Die Kartenaufnahme der Rheinlande durch Tranchot und v. Müffling 1801-1828. Teil 1:Geschichte des Kartenwerkes und vermessungstechnische Arbeiten. Publikationen der Gesellschaft für rheinische Geschichtskunde XII, Rheinland Verlag GmbH, Köln/Bonn

Schmincke, H.-U. (2009): Vulkane der Eifel. Aufbau, Entstehung und heutige Bedeutung. Spektrum, Heidelberg

Schramm, J. (Hrsg.) (1974): Die Eifel. Land der Maare und Vulkane. 3. Aufl., Burkhardt, Essen

Schumacher, K.-H., Müller, W. (2011): Steinreiche Eifel. Herkunft, Gewinnung und Verwendung der Eifelgesteine. Görres, Koblenz

Schwedt, G. (2010): Mineral- und Heilwässer vom Rhein, von der Ahr und der Eifel. Bouvier, Bonn

Schwind, W. (1984): Der Eifelwald im Wandel der Jahrhunderte. Eifelverein, Düren

Spielmann, W. (2009): Geologische Streifzüge durch die Eifel, 3. Aufl., Rhein-Mosel-Verlag, Zell

Steinicke, B., Steinicke, G., Steinicke, E. (1993): Eifel. Stürtz, Würzburg

Stoffels, M., Thein, J. (2000): Die Mineral- und Heilquellen der Region Brohltal/ Laacher See. Görres, Koblenz

Wegner, H.-H. (1986): Koblenz und der Kreis Mayen-Koblenz. Führer zu archäologischen Denkmälern in Deutschland 12 / Archäologie an Mittelrhein und Mosel, Bd. 3, Theiss, Stuttgart

Wegner, H.-H. (Hrsg.) (1995): Archäologie, Vulkane und Kulturlandschaft. Studien zur Entwicklung einer Landschaft in der Osteifel. Archäologie an Mittelrhein und Mosel, 11, Koblenz

Zäck, Wolfgang (2000): Schnee von gestern. Klimageschichte rund um die Eifel. Selbstverlag Geschichts- und Altertumsverein für Mayen und Umgebung, Mayen 2000

Zierden, J. (1994): Die Eifel in der Literatur. Ein Lexikon der Autoren und Werke. Selbstverlag, Prüm

Zierden, J. (2009): Eifel. Krimi-Reiseführer. Auf den Spuren von Jacques Berndorf & Co. KBV 3. Aufl., Hillesheim

Zolitschka, B. (1990): Jahreszeitlich geschichtete Seesedimente. Documenta Naturae 60, München

Weitere empfehlenswerte Quellen:

- Jahrbücher des Eifelvereins
- Zeitschrift „Die Eifel"
- Heimat-Jahrbücher der Eifelkreise (u. a. Landkreis Ahrweiler, Landkreis Mayen-Koblenz, Landkreis Daun)

Bildnachweis

Fotos:

Abtei Himmerod, S. 70 (unten)

Ahrtal Tourismus, S. 161

Archiv Eifel Tourismus GmbH, S. 136

Archiv Eifel Tourismus GmbH, Foto: H.-J. Sittig, S. 138

Archiv Eifel Tourismus GmbH, Foto: D. Ketz , S. 140

Archiv Geomontanus , S. 96

P. Burggraaff, S. 35, S. 51, S. 58 (unten), S. 66, S. 73, S. 82, S. 88, S. 90, S. 95, S. 101, S. 174, S. 177

Deutsche Vulkanologische Gesellschaft, DVG, S. 59

Gemeinde Bongard, Foto: B. Rieder, S. 162 (oben)

Gemeinde Bongard, Foto: T. Bongartz, S. 162 (unten)

J. Haffke, S. 56, S. 119, S. 121 (unten), S. 124, S. 131, S. 142, S. 144 (Postkarte von 1930), S. 152, S. 164, S. 166

F. Hecker, S. 55 (oben)

J. Hermes, S. 105

W. Herzig, S. 53 (oben), S. 58 (oben links), S. 67, S. 74, S. 94, S. 170 (unten)

B. P. Kremer, S. 4, S. 6, S. 9, S. 12, S. 13, S. 17, S. 18, S. 19, S. 20, S. 22, S. 26, S. 31, S. 32, S. 34, S. 41, S. 44, S. 45, S. 46, S. 47, S. 49, S. 50, S. 53 (unten), S. 54, S. 55 (unten), S. 57, S. 63, S. 75 (links), S. 77, S. 79 (unten), S. 86 (links unten, rechts), S. 89 (oben), S. 91, S. 93, S. 100, S. 117

K. Löbner, S. 24

LVR-Freilichtmuseum Kommern, Foto: Andrea Novotny, S. 103

F. Möller, S. 156

W. Müller, Titelbild, S. 2, S. 14, S. 36, S. 58 (oben rechts), S. 71, S. 75 (rechts), S. 76, S. 79 (oben), S. 80, S. 81, S. 83, S. 85, S. 87, S. 99, S. 137, S. 150,

E. Mertes, S. 111

Monschauer Land Touristik e.V. , S. 134

Nürburgring Automotive GmbH , S. 149

Römisch-Germanisches Zentralmuseum, Mainz Forschungsbereich VAT, (Napoleonshüte), Foto: Detlef O. Mielke, S. 86 (links oben)

Römisch-Germanisches Zentralmuseum, Mainz, Forschungsbereich VAT (Meurin), Foto: Benjamin Streubel, S. 89 (unten)

S. Stappen, S. 126

Vogelsang ip (VIP, gemeinnützige GmbH), Foto: Roman Hövel , S. 154, S. 158

M. Wrenger, S. 121 (oben)

H. H. Wegner, S. 61 (aus: J. Kunow, H.-H. Wegner (Hrsg.): Urgeschichte im Rheinland. Jahrbuch 2005 des Rheinischen Vereins für Denkmalpflege und Landschaftsschutz, S. 258)

Grafiken und Karten mit freundlicher Genehmigung

Archiv Geomontanus, S. 102 (aus: G. Agricola, De re metallica libri XII (Metall-kunde) 1556)

Abtei Himmerod, S. 69 (aus: Himmerods Spuren in Raum und Zeit (2010), Pau-linusverlag Trier, S. 143), S. 70, (oben, aus: Himmerods Spuren in Raum und Zeit (2010), Paulinusverlag Trier, S. 37 und 43)

Bezirksregierung Köln, Abt. 7 – GEObasis.nrw, S. 107

P. Burggraaff, Archiv, S. 64 (oben, auf Grundlage der Tabula Peutingeriana), S. 68 (Landeshauptarchiv Koblenz Bestand 18 Nr. 2087), S. 108 (Privatbesitz)

P. Burggraaff, S. 10, S. 116, S. 168, S. 170 (oben)

Geschichtlicher Atlas der Rheinlande, S. 64 (unten, genehmigter Ausschnitt der Karte III.1, 1985), S. 109 (genehmigter Ausschnitt der Karte IV.4, 1985), S. 169 (genehmigter Ausschnitt der Karte V.1, 1982)

J. Haffke, Archiv, S. 129 (Privateigentum), S. 132 (Titelbild der Zeitschrift „Der Nürburgring", 1. Jahrgang, Nr. 3, Juni 1926)

Leibniz-Institut für Länderkunde (IfL), Leipzig, Vorsatz (nach: Nationalatlas Deutschland, Band 2, S. 31)

B. P. Kremer, S. 34, S. 38 (unten), S. 40

F. Hartmann, Bern , S. 60

Landeshauptarchiv Rheinland-Pfalz, Zweigstelle Kobern-Gondorf, S. 113

W. Schenk, S. 115

D. Süßbier, S. 21, S. 27, Nachsatz (nach einem Blockbild von W. Meyer, 1982)

Index